小阅读
RANDOM

The Theory of Moral Sentiments

本书根据权威英语版本编译。语录体形式适合从任何一页读起。

|经|典|超|译|本|

The Theory of Moral Sentiments

道德情操论

〔英〕亚当·斯密 ◎著

唐迅◎编译

广西师范大学出版社

·桂林·

如果一个社会的经济发展成果不能真正分流到大众手中，那么它在道义上将是不得人心的，而且是有风险的，因为它注定会威胁到社会的稳定。

——亚当·斯密

1 不管某人如何自私,这个人总是存在着怜悯或同情的本性。他看到别人幸福时,哪怕他自己实际上一无所得,也会感到高兴。这种本性使他关心别人的命运,把别人的幸福看成是自己的事情。同情的感情绝不只是品行高尚的人才具备,即便是最残忍的恶棍,即便是严重违犯社会法律的人,也不会丧失全部同情心。

2 由于我们没有直接体验别人的感受,我们无法知道别人的感受。所以只有设身处地地想象,我们的感觉才会告诉我们别人的感受。当然,我们的想象所模拟的,只是我们自己的感官的印象,而不是别人感官的印象。但是,通过想象,我们似乎进入了别人的躯体,在一定程度上同他像是一个人,我们体会到与别人的感受相近的感受。当我们看到一根棒子对准另一个人的腿或手臂,将要打下来的时候,我们会本能地缩回自己的腿或手臂;当这一击真的落下来时,我们也多少会感觉到它,并像受害者那样受到

伤害。

3 "怜悯"和"同情"的意思不同。"怜悯"通常指我们对别人的悲伤表示同感,"同情"的范围要更广,表示我们对任何一种感情的同感。因为同情,感情在某些场合似乎可以从一个人身上感染到另一个人身上,例如,一张笑脸令人赏心悦目,悲苦的面容则令人伤感。但情况不总是这样,而且也不是每一种感情都能这样。有一些感情的流露,如发怒者的狂暴行为,在我们知道它产生的原因之前,引起的不是同情,反而是厌恶和反感。

4 确切地说,引起我们同情的原因不是因为对方的感情,而是激发对方感情的境况。我们有时会同情别人,我们心中产生某种感情,但这种感情对方自己都不一定感觉到。因为,当我们设身处地地设想时,这种感情就会基于我们的设想而产生,然而它并不一定从当事人的心中产生。有时候别人的无耻和粗

鲁让我们感到羞耻,然而当事人却似乎并不觉得自己的行为不合宜。有人把丧失理智看成最可怕的不幸,看到那个可怜的丧失理智的人又笑又唱,他们同情这个人。但那个人根本不觉得自己有什么不幸。

5 旁观者的同情心产生于这样一种想象,即如果自己处于这种境地,自己会是什么感觉。我们甚至同情死者,我们认为,死者没法享受阳光,与人世隔绝,埋葬在冰冷的坟墓中腐烂,在这个世界上销声匿迹,在朋友和亲属的感伤和回忆中消失,这是多么不幸啊!我们对死亡感到如此恐惧,正是因为这种虚幻的想象。实际上,这些关于死后情况的想象,只是在我们活着的时候才使我们痛苦,真正到了我们死亡的时候,却不会给我们带来痛苦。对死者境况的想象形成了对死亡的恐惧。这种恐惧影响了人类的幸福,但又抑制了人类的不义。对死亡的恐惧在折磨和伤害个人,同时却在捍卫和保护社会。

6 对我们来说,看到别人的同感使我们高兴,发现别人与我们完全没有同感则使我们震惊。有人说,一个人觉得自己软弱和需要别人帮助时,看到别人和自己有同感,他就会觉得开心,因为他相信,自己将会得到别人的帮助;反之,他就不开心,因为他认为别人不赞同自己,自己就不会得到帮助。其实,我们之所以希望别人与我们有同感,并不是出于任何利己的考虑。一个人讲笑话,想逗同伴开心,结果他发现,除了他自己之外没有一个人被逗笑,他就会感到失败和尴尬;相反,大家都被逗笑了,同伴们的欢笑会使他更加愉快。在他看来,同伴们的感情同他自己的感情一致,就是对他讲笑话的最大的赞赏。

7 我们更渴望向朋友诉说的是自己不愉快的感情,而不是愉快的感情。我们更满足于朋友们对我们的不愉快表示同情。如果我的朋友们对我的高兴表示同情,它会使我更加高兴,让我感到愉快。而他们对我的悲伤所表示的同情,却不会增加我的悲伤,反而

会减轻我的痛苦。朋友的同情既可以增加我的快乐,也可以减轻我的痛苦,但我更需要的,是减轻痛苦。

8 当不幸者发现有人能够耐心地听自己倾诉时,他们感到宽慰。感受到别人的同情,他们自己的痛苦似乎都减弱了,可以说,同情者与不幸者一起分担了痛苦。诉说自己的不幸,会使不幸者重新沉浸在痛苦之中。但是,这种诉说也使他们得到安慰,因为别人的同情带给他慰借,这种慰借超过了悲痛。相反,对不幸者来说,他遭遇到的最残酷的打击,是别人对他的苦难熟视无睹,无动于衷。相对而言,对同伴的高兴无动于衷仅仅是一种不太礼貌的行为,但当同伴诉说痛苦时我们却显得毫无兴趣,那就是一种残忍的行为。

9 爱这种情感让人愉快,恨这种情感则让人不愉快。我们更希望朋友同情自己的怨恨。朋友不理解我们的感激之情,我们可能会抱怨。如果朋友不同情我们的怨恨之情,我们会非常恼火。原因在于:爱和快乐这两种让人愉快的情绪不需要再添加同情,就能满足和激励人的内心;悲伤和怨恨这两种让人苦恼的情绪,则非常需要用同情来平息和安慰。

10 不管在什么情况下,别人对我们表示同情,我们会感到高兴。而得不到同情,我们会感到痛心。当我们能够同情别人时,我们也会感到高兴,同样,当我们和别人感情不一致,不能对他表达同情时,我们也感到痛心。所以,我们愿意去祝贺取得成功的人,也愿意去安慰不幸的人。虽然看到不幸的人的境况,我们会感到苦恼,但是,在同这个不幸的人的交谈中,我们对他产生了同情。这种同情和一致让我们感到快乐,补偿了我们感到的苦恼。

11 如果我们听到一个人号啕大哭,因为他遭到了不幸,我们就会假设:如果这种不幸落在自己身上

时,我们会有什么感觉。当我们发现,那件不幸在我们身上不可能产生这么强烈的影响时,我们就会对他如此悲痛感到惊讶。而且,因为我们不能体谅他的号啕大哭,就把它看做是胆小和软弱的表现。同样,另一个人因为遇上一点点好事就过于兴奋和激动,我们会觉得他过于夸张。我们甚至不顾他的高兴,直接对他表示不满。并且,因为我们不同情他的高兴,就把它看做轻率和愚蠢的表现。如果同伴听到一个笑话后狂笑不止,超出了我们认为应有的分寸,我们甚至会对他大发脾气。

12　在当事人的原始感情同旁观者的情绪完全一致时,当事人的原始感情在旁观者看来必然是正确而又合宜的,并且符合激起这些感情的原因;相反,当旁观者设身处地想象后发现,当事人的原始感情并不符合自己的感受时,那么,这些感情在他看来必然是不正确而又不合宜的,并且同激起这些感情的原因不相适应。因此,赞同别人的感情符合引起它们

的原因,就是说我们完全同情它们;同样,不赞同这
些原因,就是说我们完全不同情它们。

13　那个同我的感情不一致的人,不能体会我的情
绪的人,肯定会质疑我的情感。如果我的仇恨,比朋
友们所能理解的义愤更根深蒂固,如果我的悲伤,比
朋友们所能同情的更加强烈,如果我赞美某一个人
的程度,同他对自己的评价相差甚远,如果当他仅仅
微笑时我却哈哈大笑,或者相反,当他哈哈大笑时我
却仅仅微笑。在以上的各种场合,一旦他注意到我
的感情,注意到我们感情之间的差别,就会对我产生
不满。在上述所有场合,他用自己的情感作为标准,
来评判我的情感,评判我的情感是否合宜。

14　我们赞同别人的情感,并不意味着我们和对方
的情感一定要完全相同。然而我们相信,我们之所
以赞同别人的情感,最终是因为同情,或双方感情的
一致。即使我们处在悲伤的情绪之中,我们可能也

会赞同一个笑话,并且认为同伴的笑声是合宜的,当然,因为悲伤,我们自己并没有笑。因为我们从以前的经验知道,这是一个能逗人发笑的笑话。因为我们当时的心情,我们不可能发笑,但是我们觉得,换了一个场景我自己会同大家一样发笑,所以我们认为同伴应该笑,感到这种笑声既自然又合宜。

15 我们的情感会从过往的经验中总结出一般规则,这些规则会帮助我们纠正自己不合宜的情绪。有一个陌生人满脸愁容地从我们身边走过,我们很快了解到他刚刚得到父亲去世的消息,我们当然会同情他的悲痛。然而也可能发生这样的情况,即:我们并非无情无义,可是或者因为我们根本不认识他和他的父亲,或者因为正忙于其他事务,没有时间想象他的情况,我们不能体会他这种强烈的悲痛。可是,根据经验,我们了解这种不幸必然会使他如此悲痛,而且我们知道,如果我们充分地考虑他的处境,我们就会向他表示最深切的同情。我们最终会赞同

他的悲痛。

16　情感是各种行为产生的根源,也是品评行为善恶最终依赖的基础。评判内心情感,可以从两个不同的方面来研究。首先,可以从它产生的原因,或引起它的动机来研究。一种感情相对于激起它的原因来说,是不是恰当,是不是相称,决定了这种感情是否合宜,也决定了感情引发的行为是否合宜。如果两者都是合宜的,我们可以说这种感情是庄重有礼的,否则,就是粗野鄙俗的。其次,可以从感情同它想要产生的结果之间的关系来研究。这种感情想要产生的结果是有益或有害,决定了它所引起的行为是功劳还是过失,如果是功劳,这种感情就是值得报答的,如果是过失,这种感情就是应该受到惩罚的。

17　有一些题材,是跟谁都没有特殊关系的客观对象。如美丽的平原,壮丽的山峰,建筑上的各种装饰,一幅画的意境,论文的构思……所有这些都属于科学和文艺鉴赏方面的一般题材。当同伴对这类对象的情感和我们的情感一致时，虽然我们必然会赞同他，然而他不会因此而得到赞扬和钦佩。

18 我们对明智睿见的赞扬，很大一部分就是建立在不寻常和出乎意料的敏锐及悟性之上。一个人发现漂亮的人比丑陋的畸形者好看，或者二加二等于四，当然会得到世界上所有人的赞同，但肯定没有人因此而钦佩他。能够激起我们的钦佩，该得到我们的称赞的，只有这种人——他们敏锐而细致，具有非同一般的鉴别力，能识别难以察觉的美丑之间的细微差异；他们具有数学家的精确，能轻而易举地计算错综复杂和纠缠不清的各种数学比例；他们是科学和文艺鉴赏方面的大家，他们卓越的才能和高超的品味令我们瞠目结舌。

19 在那些对双方都没有切身利害关系的事物上，即使我和同伴情感不一致，我多半会宽容自己的同伴。当我们观察一幅画、一首诗或者一个哲学体系时，就是如此。就算我所欣赏的那幅画、那首诗或者那个哲学体系，遭到你的否定，我们也不会因此而争吵。因为它们跟我们哪一个人都没有密切的关系，我们双方没有人会真正在意它们。所以，虽然在这些问题上，我们的观点正好相反，但是我们的感情依然不受影响，可以非常接近。

20 对于和我们切身相关的事情，如果我和同伴情感不一致，保持和谐就很困难，但同时又极为重要。面对我的不幸和伤害，我的同伴自然不会用同我完全一样的观点来对待它们，因为这些不幸和伤害对我的影响更为密切。但如果我们缺乏一致的感情，得到我的宽容就不那么容易了。对于我遭到的不幸，你无动于衷，一点也不愿安慰我；或者我受到了伤害，你却毫不愤慨，也不同情我的愤恨，那么，我们就再也不能就这些话题进行讨论，我们再也不能容忍彼此。对我的狂热和激情，你会感到讨厌，对你的冷漠寡情,我也会愤恨。

21 虽然人类天生具有同情心,旁观者会尽可能设身处地地考虑受害者的一切细节,力求完整地描述受害者的处境。然而作了这样的努力之后,旁观者的情绪仍然不易达到受害者所感受的激烈程度。在旁观者脑海里,始终会提醒自己,自己是安全的,不是真正的受害者。虽然这不至于妨碍他们产生跟受害者的感受相似的感情,却足以使他们的感情没法像受害者本人那么强烈。受害者意识到这一点,但还是渴望旁观者跟他的感情完全一致。但是,受害者得到旁观者安慰的唯一办法,就是把自己的感情降低到旁观者能够接受的程度。例如,受害者在表达情感时,不能用过于尖锐的语调,不能歇斯底里,这样才能同旁观者的情绪保持和谐一致。

22 当事人和旁观者的感情决不会完全相同,但是它们可以和谐一致。这种和谐一致的产生,就在于

天性既教导旁观者去理解当事人的处境,也教导当事人去设想旁观者的处境。旁观者假设自己就是当事人,并在内心感受到接近当事人的情绪。同样,当事人也经常假设自己只是一个旁观者,并由此冷静地想象自己的处境,感觉到旁观者也会这样看待他的处境。这就是双方和谐一致的基础。

23 当事人经常设想如果自己是唯一的旁观者的话,他会如何被感动,特别是在旁观者面前,在他们的注视下时更是这样。在他开始这样做之后,他感情的激烈程度必然会降低。因此,不管当事人的心情如何动荡复杂,见到自己的朋友会让他更容易恢复安宁和镇静。而一个熟人能给我们的同情,肯定比一个朋友给我们的要少,我们从一群陌生人那里会得到更少的同情,因此我们在陌生人面前更加容易镇静下来,我们总是极力把自己的感情降低到可以得到陌生人赞同的程度。如果我们能控制自己,那么,一个熟人在场确实比一个朋友在场更加能使

我们的心情平静下来，一群陌生人在场确实比一个熟人在场更加能使我们的心情平静下来。

24　旁观者努力体谅当事人的情感，确立了温柔、有礼、和蔼可亲的美德。旁观者为同自己交往的那些人的灾难感到悲伤，为他们受到的伤害表示愤怒，为他们的幸福感到喜悦，他看起来是何等和蔼可亲啊！相反，如果某个人冷酷无情，心里只是想着自己，毫不关心别人的幸福或不幸，这个人看起来确实令人厌恶。

25　当事人努力把自己的情绪降低到旁观者所能赞同的程度，产生了崇高、庄重、令人尊敬的美德。我们从那些在自己的处境中，尽力做到心境平静和自制的人的行为中，可以感到高贵合宜和优雅庄严。我们厌恶那呼天号地的悲痛，因为它缺乏含蓄，只是指望用长吁短叹、眼泪和讨厌的恸哭来引起我们对他悲伤的同情。但是我们尊敬有节制的悲哀，尊敬沉默而恢弘的悲痛。我们只能在红肿的眼睛、颤抖的嘴唇和脸颊之中才会发现这种隐约的悲痛。它使我们也保持沉默。我们专心地凝视着它,忐忑不安地注意我们的行为,唯恐我们不得体的举止搅乱了这种和谐的平静。

26　蛮横无理和狂暴的愤怒令人讨厌。但是我们钦佩那种高尚和大度的憎恨,它不是按照受害者心中的狂怒,而是根据公正的旁观者心中的义愤来抑制受害者的愤恨。这种高尚和大度的憎恨不让自己的言语、举止超出这种情感所支配的程度。甚至受害者在思想上也不图谋进行过分的报复,也不想施加过分的惩罚。

27　平常的智力之中无才智可言,普通的品德中也无美德可言。美德是卓越的、决非寻常的品德。情感和自我控制的美德也不存在于一般的品质之中,而是存在于那些绝非寻常的品质之中。像仁爱这种和蔼可亲的美德，离不开敏锐细腻和体贴关怀的品质。而庄重可敬的美德则需要令人惊讶的自我控制，它能够驯服人性中最难抑制的感情。

28 当我们对某一行为进行评价，决定该行为是被责难还是被称赞时，往往会运用两个不同层次的标准。第一种标准是完全合宜和尽善尽美。就是人类的行为从来没有或不可能完全达到的完美标准，如以这种标准来加以考察，我们就除了缺点和不完美之外什么也看不到。同它们相比，所有人类的行为总是显得应该受到责备。第二种标准是大部分人都能达到的标准。所有超过了这个标准的行为，不管它同尽善尽美差距有多大，都应该被称赞；所有达不到这个标准的行为，都应该被责难。

29 尽善尽美的人性，就在于多为别人着想和少为自己着想，就在于抑制自私，增加乐善好施的感情。只有这样，才能使人们之间的情感和谐一致，由这种和谐一致,产生情感的优雅合宜。像爱自己那样爱邻居是基督教的一条重要教规,而在这里,情况是相反的,我们只能像爱邻居那样爱自己,或者换一种说法,我们只能以邻居爱我们的程度来爱自己。这不是基督教的教规,却是自然的主要戒律。

30 个人遭遇到不幸或伤害,会引起悲伤和愤恨的感情。大部分人的这种悲伤和愤恨之情往往过于强烈,但是,也有少数人心中的悲伤和愤恨之情过于低落。我们称这种过分强烈的愤恨为暴怒,而过分低落的愤恨,则被我们叫做迟钝、麻木不仁和缺乏感情。每一种感情的合宜性,即旁观者能够赞同的强度,必定存在于某种适中程度之内。如果感情过分强烈,或者过分低落,旁观者就不会加以体谅。如果考察人性中所有的感情,我们将发现:各种感情被人们看做是得体的或不得体的,完全是同他们是否容易对这些感情表示同情成比例的。

31 我们会因为肉体的欲望和意向而产生一些感情。对这种感情作任何强烈的表示，都是不适当的。因为我们的同伴们并不一定具有和我们相同的欲望和意向，所以不能指望他们对这些感情表示同情。例如，饥饿时有强烈的食欲，虽说是自然的，而且难以避免，但表达强烈的食欲总是不适当的。造物主要想使男女两性结合起来，就要在他们之间产生情欲。虽然这是人类天生最炽热的感情，但是在任何场合强烈地表现出情欲，都是不恰当的。总之，我们对源自肉体的各种欲望都抱有反感，而对这些欲望的一切强烈的表示都会让旁观者恶心和不愉快。

32 我们在看到别人肉体的欲望时，之所以感到特别恶心，在于我们无法附和它们。至于亲身感受到这些欲望的人，一旦这些肉体上的欲望得到满足，他对激起欲望的那个事物就不再有好感了，甚至那个事物的存在会使他感到讨厌。尽管有的人还在到处寻找刚才还强烈吸引他的那种魅力，但却找不到了。

现在他可能会像别人一样,毫不同情自己刚才的感情。我们一旦吃饱以后,就会马上吩咐撤去餐具。

33 就像前面所说过的,当我看到有人要狠狠地击打别人的腿或手臂时,我会自然而然地缩回自己的腿或手臂;当这一次击打真的落下时,我虽然没有被打,却多少也感受到这一击,并觉得像受害者一样感受到了疼痛。可是,我所感受到的疼痛无疑是极其轻微的,因此,如果这时候受害者大喊大叫,我却无法体谅他身体的痛苦,我肯定会觉得他过分,会看不起他。源自肉体的一切感情都是这样:或者不能激起丝毫的同情;或者就算是激起了同情,这种同情也完全不如受害者所感受到的那样强烈。

34 失去一条腿同失去一个情人相比,后者通常会被认为更为真实悲惨。但是,如果哪一部悲剧以失去一条腿的损失为结局,却是荒唐的。失去一个情人,不论它看起来怎样微不足道,却构成了许多出色

的悲剧。一个曾目睹十来次解剖和同样多次截肢手术的人，以后看到这类手术就不当一回事，甚至变得无动于衷。我们即使读过或者看过人家不下五百部悲剧，对于它们的感受，也不会减退到无动于衷的程度。

35 我们对肉体的痛苦并不感到同情，是面不改色地忍受痛苦的合宜性的基础。我们会钦佩这样的人，他在受到严重的折磨的时候，丝毫没有软弱的表现，甚至不发出声音。我们之所以钦佩他，是因为他的面不改色同我们的冷漠和无动于衷协调一致。我们不仅赞成他的行为，并且根据自己对人类天性中的共同弱点的了解，对他的行为感到惊奇，不知道他为什么能在这么困难的情况下，还能这样做。这种惊奇、佩服再加上赞赏，构成了钦佩的情感，而对于我们钦佩的对象，我们总是赞扬有加。

36 如果我们的朋友受到了伤害，他自然会对伤害他的人产生愤恨之情。我们同情他的愤恨,并对他所愤恨的人产生愤怒。如果我们的朋友受到某种恩惠,我们同情他的感激,并铭记他的恩人的功德。但是,如果他开始谈恋爱了,我们就很难同情他了。虽然我们认为他对于恋人的爱慕之情是合理的,像其他感情一样,但我们决不以为自己也有义务怀有爱情,或有义务爱上他所爱的那个人。

37 爱情,如果发生在一定的年龄,是可以原谅的,因为我们知道在这种时候产生爱情是自然的。但爱情总是被人嘲笑,因为我们无法同情另一个人的爱情。虽然一个男人和他的恋人在一起是美好的时光,但对其他人来说却未必如此。在旁人看来,所有真诚而强烈的爱情表示,都是让人腻味的、可笑的。对于这一点当事人自己很清醒,他和别人谈论自己的爱情时,就会用嘲弄和奚落的口气来说到它。这是我们愿意听人讲述爱情的唯一方式。

38 爱情是一种很容易过分的感情,但它既带有一些优雅,又使人愉快,这在所有过分的感情中显得很特别。首先,朋友的爱情在我们眼中或许显得可笑,但我们并不讨厌它;其次,虽然爱情本身几乎总是不合宜的,但和爱情联系在一起的感情却有很多是合宜的。仁慈、亲切、慷慨、友爱和尊敬这些情感往往混杂在爱情之中,对所有这些别的感情,我们都容易产生强烈的同情,即使我们发现这些感情有点过头时,也是这样。

39 我们谈论关于自己的事情时,包括谈论自己的朋友、自己的学习、自己的职业时,必须有所节制。我们不能指望,我们的同伴对所有这些事物很感兴趣,就像我们自己一样。人类交往中的一个重要障碍,就是很多人缺乏这种节制。这使得一个哲学家,只能同另一个哲学家谈得来;一个俱乐部的成员,也只能和自己俱乐部的那一小帮人为伍。

40 我们对受到挑衅的人的同情,必定达不到他自然产生的感情的程度。这是因为我们对另外一方,即挑衅者有着相反的同情。我们对于愤恨的同情会分给两部分人,这两方人的利益是直接对立的,那就是感觉到愤恨感情的人和这些愤恨感情所针对的那个人。由于他们两者都是人,所以我们对两者都表示关心;并且对一方可能受伤害的担心,减弱了对另一方已经受到伤害的愤怒。

41 愤怒的感情是人类天性中重要的组成部分,是必不可少的一环。一个温顺的人,忍受侮辱,既不想抵抗也不敢报复,这样的人会被人看不起。我们没法体谅他的冷漠和迟钝,在我们看来,他就是精神萎靡、毫无志气,并且我们很容易被这种毫无血性的表现所激怒。一群旁观的群众,看到有人甘心屈服于侮辱和虐待,他们会感到愤怒。他们渴望看到受害者的愤恨之情。他们向他大声呼喊,要他鼓起勇气,要他奋起自卫或报仇雪恨。如果受害者的愤怒终于

激发出来,开始为自己复仇,旁观者会爆发出一片欢呼,他们很高兴看到他的报复。只要这种报复有理有节,他们就会为受害者的勇气感到高兴,就好像受到伤害的是他们自己一样。

42　一件事物让人觉得愉快或不愉快,正是取决于该事物的直接效果,而不是间接效果。对公众来说,一座监狱的用处肯定比一座宫殿的用处更大,监狱的创建人通常比宫殿的创建人更具有爱国精神。但是,一座监狱的直接效果,使里面不幸的人失去自由,这让人感觉压抑,人们又想不到监狱的间接效果,是公众的安全。因此,一座监狱越是适合它的目的,越是令人不快。相反,一座宫殿可能助长奢侈的风气,并为腐朽堕落的生活方式树立榜样,它的间接效果可能常常不利于公众。然而,它的直接效果——住在宫殿里面的人的舒适而奢华的生活,却是令人愉快的,并带给人们无数美好的想象。人们的想象力通常都停留在直接效果上,因而很少再想

到它会有哪些长远的后果。

43 古代斯多亚哲学的追随者认为：世界被一个神统治着，这个神无所不知、无所不能，而且心地善良。神使宇宙成为一个整体，每一个事物都被看做宇宙蓝图中的一个必不可少的部分，它们存在的意义相同，都在于促进宇宙整体的秩序和幸福。因此，即使是人类的罪恶和愚蠢，也像他们的美德和智慧一样，成为神所安排的宇宙的一个必需环节。并且神会通过邪恶引导出善良，使罪恶最终帮助伟大的自然体系走向繁荣和完美。不过，无论这种学说看起来如何有理，我们对罪恶的憎恨却是出于天性，难以改变。因为罪恶的直接效果是如此具有破坏性，而它的间接效果，则太过遥远，让人们难以想象。

44 不友好的感情的直接效果往往带给人不愉快，即使不友好的感情被恰当地激发出来时，我们仍然有点讨厌它。当我们听到远处传来的、刺耳、狂暴和杂乱的怒吼声时,我们既恐惧,又厌恶。愤怒是旁观者很难赞同的一种感情,怨恨也是如此。一个人光是表达出怨恨,而不解释怨恨的理由,只会使人厌恶表现出怨恨的人。我们从一开始就厌恶愤怒和怨恨的感情,它们显示出的猛烈狂暴的表象,决不会引起我们的同情,反而容易激起我们的反对。

45 要使愤恨的发泄变得完全令人愉快,要使旁观者充分同情我们的报复,需要什么条件呢?条件是惹人恼火的事必须很严重,严重到我们若不表示愤怒,就会受人鄙视。对别人的小过错,我们最好是不要计较。如果有人在每一件不顺心的小事情上发火,就会被看做刚愎乖戾和吹毛求疵,这种人显然十分可鄙。我们应当感觉愤恨合宜时才发怒,应当感觉到人们期待我们发怒时才发怒,而不是因为自己的不快乐而发怒。在人类心灵产生的所有感情中,愤恨的正义性最应该怀疑,在愤恨的感情爆发之前,我们应该根据自然的合宜感仔细考虑,是否可以放纵它们,或应该用心考虑,冷静和公正的旁观者会怎么看待这种感情。

46 豪迈慷慨、人道、善良、怜悯、相互友爱和尊敬,当所有这些友好而仁慈的感情,表现在人的面容或行为上时,几乎在所有的场合都会使中立的旁观者觉得愉快。旁观者对发出那些友好感情的人的同情,同他对这些友好感情投注的对象的关心完全一致。因此,友好和仁慈的感情总是会激发起我们最强烈的同情。

47 爱的情感本身来说是令人愉快的。爱会抚慰人的心灵,有利于维持生命的活力,并且增进人体的健康。爱人者意识到,他所爱的人必然会在心里产生感激和满足之情,这使他变得更加愉快。他们的相互关心不仅使他们彼此感到幸福,而且,对这种相互关心和幸福的同情,又使得其他旁观者愉快。当我们看到这样一个家庭,会给我们带来什么样的乐趣

呢？在这样的家庭中，父母和孩子都是好朋友，互相之间充满热爱和尊敬。家庭成员间即使偶尔进行争论，也是带着尊重和亲切的宽容态度。家庭中的慈祥和自由自在，相互之间善意的玩笑和亲昵表明：兄弟没有因为利益而失和，姐妹也没有因为争宠发生矛盾，这个家庭中的一切都使我们产生祥和、欢乐、和睦和知足的念头。

48 那些和蔼可亲的情感，即使失之过分，也难以使人感到厌恶。即使有人犯了过分友爱和过分仁慈的错误，这些错误的行动中也包含有一些令人愉快的东西。人们可能会带着遗憾的心情去看待这些人：过分软弱仁慈的母亲、过分宽大迁就的父亲和过分慷慨的朋友，觉得他们天性过于软弱。然而，在人们的遗憾之中，还存在着一种掺杂着爱意的怜惜。只有那些最不讲道理的人，才会用轻蔑的，甚至是憎恨和嫌恶的眼光去看他们。而我们，总是带着同情和善意去责备他们的过于放纵自己的爱。

49 我们由于自己个人的幸运或不幸,而产生的高兴和悲伤情绪,构成了自私的感情。这种自私的感情介乎友好的和不友好的感情之间,它既不像友好的感情那样优雅合宜,也不像不友好的感情那样令人厌恶。自私的感情一旦过分,也会使人不快,但它不会像过分的愤恨那样令人不快,因为它不会激起对受害者的同情,从而使我们反对它。自私的感情即使恰如其分,它给人的愉快也赶不上公正的仁慈和正义的善行,因为从来不会有受惠者的同情促使我们去赞成它们。

50 一个人,由于命运中的一些意外变化,骤然变得富贵,可以确定的是,即使他最好的朋友对他的祝贺也不全是真心实意的。一个暴发户,哪怕他具有超乎寻常的优点,通常也不招人喜欢,这都是因为嫉妒,嫉妒阻止我们发自内心地同情他的喜悦。如果他头脑清醒,他就会明白这一点,不会因为自己的好运气而得意洋洋,他尽可能地掩饰自己的喜悦,压抑

自己的飘飘然的感觉。他装模作样地穿着以前的旧衣服,待人谦逊。他更加关心老朋友,看起来比过去都要勤勉、殷勤。从他现在的境况来说,这是最能得到我们赞同的态度。因为我们认为,比起我们应该对他的幸福表示同情,他更应该同情我们对他幸福的嫉妒和嫌恶之情。

51　如果人类幸福的主要部分来自被人所爱的感觉,那么命运的意外改变就很难对幸福产生多大的帮助。最幸福的是这样一种人:他逐渐提升到高贵的地位,此前很久公众就盼望着他的每一步升迁,因此,高贵地位落到他的身上,不会使他产生过分的高兴,并且这既不会在他所超过的那些人中间引起妒忌,也不会在他所忘记的人中引起猜忌。

52　人们更愿意同情那些微小的喜悦。在极大的成功之中,谦逊是得体的。但是,在日常生活的所有小事中,则无论多么喜形于色也不过分。再也没有什么东西比经常保持愉快心情更为优雅合宜,这种心情总是来自对日常发生的一切微小乐趣的兴致。我们很容易对这种愉快产生同情感。正因为此,青春欢乐的年华才如此容易使我们动情。闪烁于年轻而又美丽的眼睛之中的喜悦,即使在一个性别相同的人身上,甚至在老年人身上,它也会激发出一种异乎寻常的欢乐心情。

53 虽然剧烈的痛苦容易唤起极大的同情,但小小的苦恼激不起同情。一个被不愉快的小事搞得焦躁不安的人;一个为厨师最轻微的失职而苦恼的人;一个在重要的礼仪之中吹毛求疵的人;一个为亲密的朋友在相遇时没有向他问好而见怪的人;一个为他的兄弟在自己讲故事时哼小调而生气的人,虽然他的苦恼不是毫无根据,但很少赢得同情。人类心中自有一种恶意,它不但不让我们同情轻微的苦恼,而且还会促使我们拿它们开玩笑。因此,当同伴在受到轻微的逼迫、催促和逗弄时,我们喜欢取笑他们的气恼。而那些熟悉社会人情世故的人，会主动地把这种小事变成善意的嘲笑，因为他知道，不管他愿意与否，同伴们都会这样做。

54　你在什么情况下会得到所有朋友的真诚的同情？如果你遭遇到重大灾难，如果你因为意外的不幸而变得贫困、疾病缠身，你的朋友会真正地同情你。并且在他们能力许可的范围之中，在你愿意接受的数额之内，他们会给你厚道的帮助。但是，如果你的不幸只是小小的苦恼，如果你只是在野心上受到小挫折，如果你只是被你的情妇抛弃，或者你只是被老婆严厉管制，那么，你就别指望会得到同情，等待你的，很可能是所有的熟人的嘲笑。

55　我们对悲伤的同情比对快乐的同情更为全面与包容。即使悲伤太过分，我们多少还是会产生同情。在悲伤过分的情况下，我们所感到的同情并没有达到与当事人一致的程度，我们也不赞许对方的悲伤感情。我们不愿附和当事人，和当事人一起哭泣、哀号和悲伤。相反，我们觉得他软弱，我们觉得他根本没必要那么悲伤，但是我们仍然会关心他。可是，如果我们完全不赞同另一个人的快乐，我们就不会关心他的快乐。那个因为毫无意义的快乐而手舞足蹈的人，是我们藐视和愤慨的对象。

56 还有什么可以增加一个身体健康，没有债务，问心无愧的人的幸福呢？对处于这种境况的人来说，所有财富的增加和更好的运气都可以说是多余的。这种情况就是人类自然平常的状态，是很大一部分人所处的状况。虽然这种状况和人生最大的幸福之间的距离是微小的，但是它和人生最悲惨的不幸之间的距离却大得惊人。可以说，逆境可以让人的心情非常低落，而顺境提升人的心情有限。所以，旁观者发现完全同情别人的悲伤，并使自己的感情同它协调一致，比完全同情他的快乐更为困难。而且他在同情悲伤时更多地背离了自己天然的心情。因

此,虽然我们对悲伤的同情同对快乐的同情相比,常常是一种更为深刻的感情,但是它总是远远不如当事人自然产生的感情强烈。

57 在赞许的感觉中,有两种成分应该注意:其一是旁观者同情的感觉,旁观者赞许当事人的感情,当事人可能感到愉快,也可能感到不愉快;其二是由于旁观者观察到自己身上同情的感觉和当事人的身上的原始的感觉完全一致而兴起的情绪,这种赞许总是令人愉快的。从第二种意义上说,我们更容易同情快乐,而不是悲伤,因为快乐离我们的天然状态更加接近。

58 对别人的快乐表达同情会带给我们快乐,只要没有妒忌感从中作梗,我们就会心满意足地沉浸在那欢乐之中。但是,对别人的悲伤表达同情却让我们痛苦,因此我们总是不太情愿同情悲伤。在看悲剧表演时,我们尽力避免陷入该悲剧所激起的悲伤

中。最后,在实在无法避免这种悲伤时才不得不屈服。即使到了这个时候,我们也在同伴面前遮掩自己的悲伤。如果我们流泪了,会小心翼翼地擦掉眼泪,唯恐旁观者把这种多愁善感之情看做是女人气和软弱的表现。

59 当苏格拉底饮下最后一滴毒药时,他的朋友都在哭泣,而他自己却显得很镇静,看起来轻松快乐。苏格拉底在巨大痛苦之中的高尚行为显得庄严神圣。跟苏格拉底一样,很多当事人尽可能不去注视在他的处境中既可怕又令人不快的事情。他担心不能适当地控制自己,会使自己变成旁观者不赞同的对象。因此,当事人想到,自己在这种可怕的处境中仍然能够控制自己,自己将会因为刚毅和高尚而得到赞扬和钦佩,于是,他就会意气风发,沉浸在胜利的喜悦之中。用这种方式,他使自己摆脱了不幸。

60 在这个世界上,有的人忙忙碌碌,是为了什么

呢？有的人充满野心，不停地追逐财富、权力和地位，其目的又是什么呢？难道他们仅仅是为了得到生活必需品吗？实际上，最低级劳动者的工资就可以让他们衣食无忧。那么，所有人，尤其是社会地位较高的人相互较量、相互竞争的原因是什么呢？被人注意、被人关心、得到羡慕、得到赞许，这就是我们希望获得的全部好处。真正吸引我们的，是虚荣，而不是悠闲或快乐。

61　虚荣总是建立在我们相信自己是受人注意和被人赞许的基础上。富人因富有而洋洋得意，这是因为他感到他的财富引起世人对他的注意，也是因为他感到，由于他的优越的地位而产生令人愉快的情绪，人们都附和他。想到这里，他的内心充满了骄傲和自满情绪。而且，由于这些，他更加喜爱自己的财富。相反，穷人以贫穷为耻。他觉得，人们不在乎他的存在，就是因为他的贫穷。即使有人注意到他的境况，也不会同情他所遭受的痛苦。虽然被人忽视和被人责难是两回事,但是,感到没有人注意自己,还是让人泄气。我们心中那些令人愉快的希望,那些强烈的意愿,都会因为缺乏关注而受到抑制。

62 当我们想象那些大人物的状况时,发现这几乎是理想中最为完美的幸福状态。在我们所有的白日梦和无聊的梦想中,正是大人物的这种状态,被描述成自己一切欲望的终极目标。所以,我们觉得那些处于这种状态的人一定非常满足,我们同情并羡慕他们的满足。我们偏爱他们的一切爱好,并促成他们的一切希望。所有损害和毁坏这种令人愉快的状态的举动都让我们感到可惜。我们甚至希望他们永远活在世上,很难接受死亡会最终结束这种完美的愉悦。

63 罗斯福科公爵说:"爱情通常会被野心取代,而野心却几乎没有被爱情取代过。"一旦人们心中充满了野心,它就既容不下竞争者,也容不下继任者。对希望得到公众钦佩的那些人来说，其他一切愉快的事情都会变得令人厌恶和失去魅力。有些失势的政治家为了宽慰自己，想方设法抑制野心，轻视他们再也得不到的那些荣耀，然而，有几个人能够做到呢？他们之中的大部分人都百无聊赖地、懒洋洋地消磨时间，为今天的地位低下感到烦恼，对各种消遣提不起精神。要想让这些人抖擞精神，只有让他们谈起过去的风光，或者让他们徒劳无益地忙于重整旗鼓。

64　落在大人物头上的灾难，加在他们身上的伤害，在旁观者心中所激起的怜悯和愤恨，比同样的不幸发生在一般人身上时，要多得多。只有国王的不幸才为悲剧提供合适的题材。人们认为，阴谋弑君的卖国贼是一个最残忍的人，所以查理一世之死所引起的愤恨超过了人们对英国内战中所有鲜血产生的愤慨。如果我们不了解人类天性，看到人们对下层民众的不幸漠不关心，看到人们对上流社会的苦难感到遗憾和愤慨，就会这样认为：地位较高的人的痛苦更让人受不了，他们在死亡时的痉挛也更令人可怕。

65　等级差别和社会秩序的基础，就是建立在人们倾向于同情和附和富者、强者的感情之上。我们顺从和尊敬地位高于自己的人，常常是出于对他们的优越境遇的羡慕。我们对他们的恩赐没有任何期待，只有少数人能够得到他们的恩惠，但他们的幸运生活却吸引了几乎所有人的关心。

66　有人说，国王是人民的仆从，根据公共利益的需要，服从他们、抵制他们、废黜他们或惩罚他们，都符合理性和哲学的原则。但这不是自然天性的旨意。天性会指示我们：要为了他们自己的缘故而服从他们；在他们崇高的地位面前点头哈腰。人们不能忍受对自己君主的侮辱，同情很快让他们忘记了愤恨，他们又重新忠心耿耿地为旧日的君王效力。查理一世的死亡，导致了王室家族的复辟。当詹姆斯二世在逃亡的船上被平民抓获时,对国王的同情几乎阻止了革命。

67　道德学家们总是在抱怨,财富和地位经常享有只应属于智慧和美德的尊敬和钦佩;贫困和卑微经常受到不公平的轻视,这种轻视本来只适用于罪恶和愚蠢。我们渴望受到好评和赢得尊敬。但是我们一踏入这个世界,就很快发现人们尊敬的不仅仅是智慧和美德,轻视的也不仅仅是罪恶和愚蠢。我们经常看到:富裕和有地位的人得到世人的敬仰,而具有智慧和美德的人却无人问津。我们也时常看到:即使强者做了坏事,愚昧无知,也较少受到人们的轻视,而贫困和卑微的人即使清白无辜,却被人看不起。

68　两种不同的榜样和形象在我们眼前,我们据此可以形成自己的品质和行为。一种在外表上华而不实和光彩夺目,另一种在外表上颇为合适和细腻美丽。前者就是财富和显贵,它促使每一只飘忽不定的眼睛去注意它,后者就是知识和美德,除了非常认真、仔细的观察者之外,几乎不会引起任何人的注意。他们主要是乐于学习知识和培养美德的人,是社会精英,虽然人数恐怕很少。大部分人都是财富和显贵的钦佩者和崇拜者,并且看来离奇的是,他们往往是没有私心的钦佩者和崇拜者。

69 还好,在中下层的生活中,通往美德的道路和追求合理财富的道路几乎是一致的。在所有中下层的职业里,只要拥有真正的、扎实的专业技能,再加上谨慎的、公正的、坚毅而克制的品质和行为,多数会取得成功。反过来,一贯的厚颜无耻、背信弃义、胆小软弱或生活放荡,终归会损害有时是彻底损毁卓越的职业技能。此外,处于中下阶层的人们,从来不会重要得超越法律。法律通常能吓住他们。这种人的成功也几乎总是依赖邻人和同辈的惠顾和好评。因此,"诚实是最好的策略"这句有益的古老谚语,在这种情况下总是全然适用的。对于社会的善良道德来说，幸好大部分人就是这样生活的。

70 可惜的是，在上流社会中，通往美德的道路和追求财富的道路大相径庭。在宫廷里，在社交场合里，成功和提升所依靠的是那些骄横无知的长官们的怪诞、愚蠢的偏爱；溜须拍马和虚伪欺诈也经常胜过美德和才能。在这种社会里，取悦于他人的本领比有用之才更受重视。当苏利公爵被路易十三召去就某一重大的紧急事件征求意见时，看到皇上恩宠的朝臣们交头接耳，嘲笑他那不合时宜的装束，这位老军人兼政治家说："每当我有幸与陛下的父亲一起商量国家大事时，他总是吩咐这种宫廷丑角退出朝堂，让他们去候客厅等着。"

71 为了获得令人羡慕的境遇，追求财富的人们时常放弃通往美德的道路。他们常常通过欺诈，通过卑鄙的阴谋，甚至有时通过谋杀和行刺，通过叛乱和

内战,竭力排挤、清除那些反对或妨碍他们获得高位的人。他们的失败往往多于成功,通常除了得到可耻的惩罚之外一无所获。但是,即使他们如此幸运,得到了自己梦寐以求的地位,他们对他们所期待的幸福也总会极为失望。他会尽力在自己和别人的记忆中冲淡对自己过去所作所为的回忆,但是这种回忆仍会纠缠不休。即使伟大的恺撒,虽然气度不凡地解散了他的卫队,但也不能消除对自己被仇视的猜疑。他希望获得人们的好感,希望视人们为朋友,但却受到这些人极端的仇视,他不会从同辈的尊敬中得到任何的幸福。

72 所谓报答,就是为了别人施予我们的恩惠而予以偿还,报之以德。看到那个给过我们许多恩惠的人,没有我们的协助就获得了幸福,那么,我们的爱得到了满足。但是这不会让我们的感激之情满足。只要我们还没有报答他,还没有用实际行动促成他的幸福,我们就会一直感到,相对于他过去给予的恩情来说,我们仍然是欠他一笔债。

73 惩罚其实也是一种报答,但是它报答的不是恩惠,而是对别人给我们的伤害以牙还牙。如果有人曾经带给我们强烈的伤害,比如说,他谋杀了我们的父亲或兄弟,事后没过多久他就死于一场热病,或因其他罪行而被斩首,那么,这虽然可以减轻我们对他的仇恨,但是不可能完全消除我们的愤恨。因为愤恨,我们不仅希望他受到惩罚,而且希望亲手惩处他。除非这个罪犯为了那个伤害了我们的特定罪恶而伤心,不然我们的愤恨之情是不可能得到完全满足的。他应当为这一行为而痛心疾首,那样,其他人由于害怕受到同样的惩罚,而不敢重蹈覆辙。愤恨的感情及其最终获得的满足,会自动地产生惩罚的所有政治结果:对罪犯的惩罚和对公众的震慑。

74 适当而又公认的感激对象或愤恨对象,必须得到每一个公正的旁观者的充分同情,得到每一个没

有利害关系的旁观者的充分理解和赞成。当见到一个人得到别人的帮助、保护和解救时,我们对受益者快乐的同情,促使我们同情受益者所怀有的感激之情。他的恩人会以非常迷人和亲切的形象出现在我们面前。因此,我们也赞同受益者有心对得到的帮助作出回报。由于我们完全理解产生这些回报的感情,所以从各方面来看这些回报都是相称的、合宜的。

75 如果每个有理智的人都表示对愤恨的同情,作为愤恨指向的对象,应该受到惩罚。当我们看见一个人受到别人的欺压和伤害时,我们对受害者的痛苦感到的同情,激起我们同情受害者对侵犯者的愤恨。我们乐于见到他还击自己的仇敌,而且当他实行自卫甚至报仇时,我们也会急切而又乐意地帮助他。

76 如果受害者在争斗中死亡,我们不仅对死者的朋友和亲戚们的愤恨表示同情,而且会对自己为死者设想的愤恨表示同情,我们想象他一定能感觉到哪种愤恨,在高呼血债血偿。一想到他还没有报仇,我们就感觉到死者死不瞑目。人们经常想象出现在凶手床边的恐怖形象,民间迷信认为,受害者从坟墓中跑出来,对让他们死于非命的那些人进行复仇。这些传闻和迷信都来自我们对受害者的虚幻愤恨所自然产生的同情。对于那些罪大恶极的人,在他们受到惩罚之前,神就以这种方式将神圣的复仇法则,深深地铭刻在人类心中。

77 行为者的行为对受其影响的人来说,有益、有害都有可能。在有益的场合,如果行为者的动机显得不合宜,而我们也不能理解促使他做出如此行为的感情,我们就不会同情受益者的感激。或者,在有害的场合,如果行为者的动机看不出有不合宜之处,相反,推动他行为的感情又是我们所赞同的,我们就不会对受害者的愤恨表示同情。

78 出于最琐碎的动机而授予别人极大的恩惠,例如,仅仅因为某人的姓名恰好与赠与者的姓名相同,就赠与某人一大笔地产。这种愚蠢而又过分的慷慨,似乎只应得到很小的报答。这种帮助好像不需要给予对等的报答。我们瞧不起行为者的愚蠢,这种轻蔑的感觉使我们无法赞同受惠者的感激涕零。他的恩人看起来并不值得如此感激。假如我们把感激者换成自己,我们会发现,自己对这样一个恩人不会怀有如此崇高的敬意,因此我们会减除对他的这位恩人的敬意和尊重。

79 历史上,那些对他们宠爱的人毫无节制地赐予财富、权力和荣誉的君主,很少会吸引到什么人对他们本人的爱戴。反倒是那些对自己的善行较有节制的人经常体验到这种爱戴。大不列颠的詹姆斯一世虽然善良,然而他那不够谨慎的慷慨似乎并没有得到任何人的喜欢。尽管詹姆斯一世具有慈善的性情,但是不够明智的慷慨没有讨得人们的欢心,他生

前死后都是孤家寡人。他那很节俭而卓越的儿子与他正好相反,全英格兰的绅士和贵族却都为查理一世抛家舍业,尽管查理一世生性残酷、冷漠无情。

80 只要行为者的行为,被我们充分同情和赞同,那么,不论落到受害者身上的灾难有多大,我们也不会对他的愤恨表示一点同情。当一个残忍的凶手被推上断头台时,虽然我们有点怜悯他的不幸下场,但是如果他对起诉他的检察官或法官表现出任何对抗,我们就不会对他的愤恨表示同情。人们持有反对罪犯的正当义愤,这一自然倾向,对罪犯来说的确是致命的。而我们对这种感情倾向却不会感到不快,我们感到自己一定会赞同这种倾向。

81 当一个人因为行为者给他恩惠而表示感激时,除非我们完全赞同行为者的动机,否则我们并不会衷心地表示同情。我们只有在内心里接受行为者遵循的原则,赞同决定他行为的全部感情,才能完全理

解并认同受益人的感激。同样,如果一个人给他人造成伤害,我们对受害者的愤恨也未必表示同情,除非行为者这么做是出于一种我们不能饶恕的动机。

82 对功劳的感觉是一种混合的情感。它由两种截然不同的感情组成:一种是对行为者情感的直接同情。例如,当我们阅读有关仁慈高尚的行为的史料时,我们多么热烈地欣赏这种意图,多么为那种极端慷慨的精神所深深感动,多么渴望他们取得成功,对他们的失意感到多么悲伤。在想象中,我们把自己变成那个行为者。另一种是对受益者所表示的感激的间接同情。每当我们设想自己处在受益者的处境时,我们是带着一种热烈和真挚的同情去体会他们所怀有的感激之情。我们会像他们一样,去紧紧拥抱他们的恩人。我们由衷地同情他们对恩人的强烈的感激之情。

83 同对功劳的感觉一样,对过失的感觉看来也是

一种复合的感情。它也由两种不同的感情组成：一种是对行为者感情表示的直接反感；另一种是对受害者的愤恨表示的间接同情。当我们阅读有关尼禄的残酷暴虐的史料时，就会在心中产生对他那些行为的反感，并且拒绝对此种恶劣的动机表示任何同情。我们对尼禄这种行为者感情的直接反感，是过失感情的基础。同时，过失感情离不开对受害者的愤恨表示的间接同情。当我们设身处地地设想受害者的境况，想象他们遭人侮辱，被人谋杀的不幸处境时，我们自然对这种行为者的野蛮与残忍感到愤恨。我们同情无辜受害者的痛苦，也同情他们的愤恨。

84 对大部分人来说，把我们对恶有恶报的自然感觉归于对受害者愤恨的同情，可能是对这种情感的贬低。因为愤恨是所有感情之中，看起来最丑陋的一种感情。人们往往认为，像恶有恶报这样值得称许的原则不会建立在愤恨的基础上。但是，愤恨也有合宜之处。如果受害者的愤恨降低到同旁观者的

愤恨相等的程度,就不会受到任何非难。其实,很大一部分人不能节制这种情绪,所以,对能够努力自我控制自己天性中最难驾驭的感情的人,我们反而会表示相当的尊敬和钦佩。

85 愤恨这种感情出现在人世间的方式,是有一次适度,就会有一百次过分。所以,我们很容易认为它是全部可憎和可恶的感情。然而,造物主似乎没有如此无情地对待我们,以致赋予我们某种从各方面来看都是罪恶的天性,或者赋予我们某种没有一丁点可能受到赞许的天性。

86 虽然人类天然地被赋予一种愿望:追求社会幸福和保护社会。但是造物主并没有委托人类的理性,去寻找哪一种方法是达到上述目的的合适的手段,而是赋予了人类一种直觉和本能,让他在看到最适合的手段,即运用一定的惩罚时会直接赞同。造物主的精细是一贯的。造物主不仅使人们对于她所确定的目的具有一种欲望,而且同样使他们具有对某种手段的欲望,因为只有依靠这种手段才能达到上述目的。

87 例如,自卫、种族的繁衍是造物主在塑造一切动物的过程中确定的重要目的。人类被赋予对这两个目的的欲望,以及同这两个目的相反的状况的厌恶。人类被赋予对生活的热爱和对死亡的害怕,被赋予对种族的延续和永存的欲望和对种族的灭绝的想法的厌恶。目的明确了,但是,如何发现达到这些目的的手段?造物主并没有将它寄托于我们理性的决断。通过我们已有的直接的本能,造物主引导我们自己去发现达到大部分目的的手段。这些本能包括饥饿、口渴、两性之间的好感、趋乐避苦等。这些本能促使我们去运用一些手段和方法,看起来就只是为了自己。其实我们并没有想到,这些手段会导致伟大的造物主想要达到的那些有益的目的。

88 仁慈总是自由的选择,强求不来。我们不能惩罚仅仅是缺乏仁慈的人,因为这并不会导致确实的罪恶。缺乏仁慈可能使人们本来合理期望的善行落空,引起人们的厌恶和反感。然而,它不应该激起人们的愤恨之情。如果一个人的恩人需要他的帮助,而他恰好有能力报答他的恩人,但他偏不这样做,毫无疑问他是个令人不齿的忘恩负义之徒。每个公正的旁观者都不会赞同他自私的动机。但即便这样,他毕竟没有给任何人造成实际的伤害。他只是没有做那个本来应该做的善行,但不该是愤恨的对象。因为愤恨是看到人们作出真正而现实的伤害,而产生的一种感情。因此,缺少感恩之心的人不会受到惩罚。如果他的恩人企图用暴力强迫他报答自己,那只会玷污他自己的名声。

89 愤恨之情是由自卫的天性赋予我们的,而且仅仅是为了自卫而赋予我们的。它维护正义,保护无辜。它驱使我们击退伤害我们的企图,回敬已经受到的伤害,使犯罪者悔恨自己的不义,使其他的人由于害怕惩罚而对犯罪感到惊恐。因此,愤恨之情的运用只限于以上这些目的,一旦它超过了这个范围,旁观者就不会再表示同情。一个缺少仁慈美德的人,虽然使我们感到失望,但是他既不伤害我们,也不企图伤害我们。所以我们对他没有愤恨,没有必要进行自卫。

90 还有一种美德,它可以强迫人们遵守,谁违背它就会招致愤恨,从而受到惩罚。这种美德就是正义。违背正义就是伤害他人,因此,违背正义会激起愤恨,也会受到惩罚。由此产生了正义和其他所有社会美德之间的明显区别,我们感到自己有严格的义务按照正义行事,而相对的,友谊、仁慈或慷慨的要求就没有那么严格。

91 我们必须小心地区别这两种情况:哪些行为只是该受责备的,哪些行为是可以利用暴力来惩罚的。

当某个人袭击抢劫或企图杀害另一个人的时候,所有的邻居都会感到紧张,并且认为他们应该赶去为被害者报仇,或者在危急中保护他。但是,当一个父亲对儿子缺乏正常的慈爱时,当一个儿子对他的父亲缺乏正常的敬意时,在这种情况下,虽然大家都责备这种行为,但没有人会认为:我们有任何权利可以以武力来强求。受害者只能抱怨,而旁观者除了劝告和说服之外,别无他法。

92 民政长官可以颁布法规,这些法规不仅禁止民众相互伤害,而且要求我们尽可能与人为善。所有文明国家的法律都规定,父母有抚养自己子女的责任,而子女有赡养自己父母的义务,并强制人们去做其他许多仁慈的事情。当君主下令必须做仁慈的事情,违抗他,就不仅会受到责备,而且会受到惩罚。然而,在立法者的所有责任中,也许就是制订仁慈法规,需要抱着特别审慎和谨慎的态度。全盘否定仁慈法规,国家会面临严重的社会骚乱和惊人的暴行的威胁,推行过了头,又会危及公民的自由、安全和公正。

93 在绝大多数情况下,纯粹的正义只是一种消极的美德,它只是阻止我们去伤害邻居。一个人仅仅克制自己,不去侵犯邻居的人身、财产或名誉,确实只有一丁点可取之处。可是,他已经履行了称为正义的全部规则。我们时常可以安坐家中和无所事事,这样会遵守有关正义的全部规则。因为正义是合宜的,所以它总是获得我们的赞同。但是因为正义并非真正的和现实的善行,所以,它几乎不值得感激。

94 以其人之道,还治其人之身是造物主命令我们实行的伟大规则。我们认为,仁慈和慷慨的行为应该回敬给仁慈和慷慨的人。我们认为,那些冷漠的人,也不能得到其同胞的感情,只能像生活在沙漠中那样,无人关心,无人问候。应该使违反正义法则的人,自己感受到他对别人犯下的那种罪孽,应当用惩罚来吓阻他。只有清白无罪的人,只有对他人遵守正义法则的人,只有不去伤害邻人的人,才能使邻人尊重他的清白无罪,并对他严格地遵守同样的法则。

95 对每个人来说,他自己就像整个世界那样重要,但对其他人来说,他不过是沧海一粟。对他来说,自己的幸福可能比世界上所有其他人的幸福更重要,但对其他任何一个人来说,他的幸福并不比别人的幸福更重要。因此,虽然每个人心里确实是爱自己胜过爱任何人,但是他不敢在人们面前明白地宣称自己遵从的就这个原则。他知道,没有人会赞成他对自己的私心,这种私心和偏爱对他来说无论如何自然,在别人看来总是显得过分和妄自尊大。

96 在争夺财富、荣誉和显赫职位的时候,为了超过其他对手,人们大可以用尽正当的手段和方法,奋力向前。但是,如果他想要排挤或除掉对手,旁观者不会纵容这种行为。对旁观者来说,这个人同其他人相差无几,他们不会同情这种自爱之心,并且也不赞成他伤害对手的动机。所以,仅仅因为别人的幸福妨碍了我们自己的幸福,就去破坏这种幸福;仅仅因为对别人有用的东西对我们同样有用或更加有用,而夺走这些东西,都不能得到公正的旁观者的赞同。

97 剥夺我们已经拥有的东西,比让我们得不到该得到的东西要更严重。因此,侵犯财产,比仅仅撕毁契约罪恶更大。杀人害命,是一个人对另一个人所能施加的最大伤害,因此,在人们心目中,谋杀是一种侵犯个人的最残忍的罪行。所以,关于正义的最重要的法律是保护我们社区的生活和人身安全的那些法律;其次是保护公民个人财产和所有权的那些法律;最后才是保证契约被遵守的那些法律。

98 违反正义法律的人,当他的激情得到满足并开始冷静地考虑自己过去行为的时候,他看到受害人

的处境,唤起了他的怜悯之心,同时他感到,自己已经变成人们复仇和惩罚的对象。这种念头萦绕在他的心头,使他充满了恐惧和惊骇。周围的一切似乎都怀有敌意,因而他愿意逃到荒凉的沙漠中去。但是,孤独比社会更可怕。对孤独的恐惧迫使他回到社会中来,他又来到人们面前,一副羞愧万分、深受恐惧折磨的样子,这就是悔恨的情感。悔恨的情感由以下几种情感构成:意识到自己过去的错误而感到羞耻;对行为的后果感到悲痛;对那些被自己损害的人怀有的怜悯之情;以及对惩罚的畏惧和害怕。

99 基于适当的动机,做出了慷慨行为的人,当他面对那些自己曾经帮助的人时,觉得自己是他们爱戴和感激的对象,并由于同情作用,他感到自己成为所有人尊敬和赞同的对象。当他回顾他自己的动机并用公正的旁观者的目光来检查它时,他觉得能得到这个想象中的公正的法官的赞同。一想到这个,他心里就充满了愉快、安详和宁静。他和所有人都能

和睦相处,在他们中间信心十足,他确信自己已成为最值得尊敬的人物。这些感情的结合,构成了功劳感或应该得到报答的意识。

100 仁慈犹如美化建筑物的装饰品,而不是支撑建筑物的地基。因此,呼吁人们实践仁慈已经足够,没有必要强加于人。相反,正义好比支撑整个大厦的中心支柱。这根柱子一旦动摇,那么人类社会这个宏大而雄伟的建筑必定会在转眼间土崩瓦解。所以,正义必须要靠强制来推行。

101 为了强制人们遵守正义,造物主在人们心中培养起自我警醒的意识,害怕惩罚的心理。它们就像人类的伟大卫士一样,保护弱者,抑制强暴和惩罚罪犯。虽然人天生是富有同情心的,但是他们为他人着想的程度实在是小得可怜。他们很想恃强伤害别人,并且有很多东西诱惑他们这样做,因而,如果没有确立正义的原则,没有使他感到敬畏的话,他们就会像野兽一样随时准备发起攻击。那样,一个人走进聚集的人群,就好比进入狮子的洞穴。

102 人天生具有一种对社会的热爱,希望人类保持团结。对他来说,有秩序的、繁荣兴盛的社会状况是令人愉快的。相反,他厌恶一个混乱不堪、毫无秩序的社会。他清醒地意识到,自己的利益与社会的繁荣息息相关,他的幸福或者身家性命,都有赖于这个社会的秩序和繁荣能否保持。因此,这些原因使他对有损于社会的事情怀着一种憎恨之情,并且愿意阻止这样的事情发生。违背正义的行为必然有损于这个社会。所以,每一种违背正义的行为的出现都使他感到惊恐不安,他会尽力去阻止这种行为的进一步发展。如果不能用温和的手段去制止它,他就必定要采用暴力来压制它。因此,人们时常赞成严格执行正义法则,甚至赞成用死刑来惩罚那些违反正义法则的人。

103 一个哨兵在他值班时睡大觉,依据军法被处死,因为这种疏忽可能使整个军队遭到危险。当对个体的保护与大众的安全发生矛盾时,最为公正的选择往往偏重大众。这种严厉的惩罚似乎正确而合适。然而,这种惩罚无论怎样必要,总显得过分严厉。这个罪行是如此之小,而惩罚是如此之重,以致我们内心要经过挣扎,才会接受这个事实。虽然这样的疏忽确实应受到责备,然而这个罪行并不会激起强烈的愤恨,以至于我们一定要实行可怕的报复。一个仁慈的人必须使自己冷静下来,做出努力,运用自己的坚定意志和决心,才能亲自实行或者赞同别人实行这种惩罚。

104 在这个世界上,孤儿寡母经常受到欺凌而无人对此加以惩罚。我们认为,我们不能没有一个公正的神,神以后会为他们主持公道。因此,在任何一种宗教和世人见过的任何一种迷信中,都有地狱和天堂,地狱是惩罚邪恶者的地方,天堂是报答正义者的

地方。

105　某一行为,不管是受到赞扬还是责备,这赞扬或责备,主要是针对三个方面,第一是针对这个行为人的内心动机或感情的;第二是针对这种感情所引发的身体外在的行为或动作的;第三是针对这个行为所实际产生的,可能好可能坏的后果的。这三个不同的方面共同构成这一行为的本质和状况,它们就是我们判断这一行为归属于哪一种品质的基础。

106　一个射杀鸟的人和一个射杀人的人,都做了同样的动作,都要扣动一支枪的扳机。所以,身体的行为或动作不能成为赞扬或责备的根据。而某一行为所实际产生的后果,比身体的动作更与赞扬或责备无关。因为后果并不取决于行为者,而是取决于运气。因此,一切赞扬或责备,似乎最终取决于该行为的内心的意图或感情,取决于该行为的意图或感情合宜与否。

107 　但是,当我们进入个别具体的情况时,我们发现,某一行为产生的实际后果,对我们认定行为的功劳或过失的情感,仍然具有非常巨大的影响,并且几乎总是加强或减弱我们的感受。仔细考察一下就会发现,在具体情况下,我们的情感很少完全赞同这一点:一切赞扬或责备,最终只取决于该行为的内心的意图或感情。

108 　在被一块石头碰痛的一瞬间,我们会对它发怒,小孩会摔打它,狗会对它狂叫,脾气暴躁的人会咒骂它。没有生命的东西好像也会引起感激和愤恨这两种激情。但是,我们稍微想一下,就会修正这种感情,并且很快就会意识到,我们向一个没感觉的东西发泄报复只是白费力气。因为它感觉不到快乐和痛苦,我们的愤恨并不会得到满足。

109 　我们对长期居住过的房屋、对长期享受其绿荫的大树,都怀有尊敬的心情,好像它们是我们的恩人

似的。房屋的腐朽、大树的毁灭虽然都不会使我们蒙受损失,但是会使我们忧郁、不愉快。古代迷信的创始者想象出林中仙女和护家神,即树木和房屋的精灵,可能就是源于对它们怀有敬畏之情。因为,如果它们没有生命,这种对房屋和树木的感情似乎就是不合情理的。

110 动物比没有生命的东西更适合成为感激和愤恨的对象。我们习惯于惩罚咬了人的狗和用角顶伤人的牛。如果它们致人死亡,那么只有杀死它们才能让民众和死者的亲属满意。杀死他们不仅是为了保护其他人的安全,而且在某种程度上有为死者报仇的意思。相反,对主人们有卓著贡献的那些动物,主人们会对它们充满感激。《土耳其间谍》中的那个军官刺死了那匹曾驮着他横越海峡的马,只因害怕它今后会用同样的壮举使别人名扬四海,这是一个令人震惊的残忍举动。

111 但是动物仍然不是感激和愤恨的完美的对象。那些感激和愤恨之情依然感到：要使自己完全满足，还缺少某些东西。我们对某个人表达感激之情，不仅是想让他感到快乐，而且是想让他明白他是由于自己过去的善行而获得这个报答，使他享受于这个善行，使他相信我们是值得他帮助的。在我们的恩人身上，最使我们高兴的是，我们发现，他和我们之间情感上的一致：我们的恩人看重我们，像我们自己一样。

112 相反，愤恨之情的目的，与其说是使我们的敌人感到痛苦，不如说是使他们认识到，他们的痛苦与他们过去的所作所为有关，从而让他因为过去的那种行为感到后悔，使他知道他不应该那样对待我们。伤害和侮辱我们的人使我们愤怒，其主要原因是他对我们的轻视。他认为，为了他的方便或一时高兴，可以随时让别人作出牺牲。敌人这种粗暴的傲慢自大，往往比我们实际遭受的伤害更让我们愤怒。我

们报复的主要目的,就是要让他重新尊重别人,要让他察觉到对我们的义务,要让他了解到他过去所犯的错误。

113 任何东西必须具备如下三个不同方面的条件,才能够成为适当的感激对象或愤恨对象。首先,它必须是感激或愤恨的原因。其次,它必须有能力感觉到感激或愤恨的情感。最后,它不仅产生了那些情感,而且必须是按照自己的意愿产生出这些情感的。

114 无论某个人的意愿是怎样的合宜和善良,或者是怎样的不合宜和恶毒,然而,如果它们未能产生自己的效果,那么,在前一场合,他的功劳似乎并不完美,在后一场合,他的过错也不齐全。这种不规则的感情变化,公正的旁观者能感觉得到。

115 每一次有人想帮助我们,却没有帮上我们时,

我们总是这么说：我们对努力想帮助我们的人，以及对事实上帮了我们的人，抱有同样的感激之情。但是，犹如对待其他体面漂亮的说法一样，对这种说法，必须打些折扣，才能充分理解其真意。

116 一个由于遭到朝廷大臣的妒忌，而未能在同祖国的敌人作战中取得巨大胜利的将军，事后一直悔恨战机的丧失。他的悔恨并不只是为了国家，而是痛惜未能完成一个将为自己品格增辉的行动。这个将军也许想，只要准许他继续干下去，成功是毫无疑问的。但这个想法哪怕正当，也不能让他满意，同样也不能让别人满意——他毕竟未能完成自己的计划和谋略。虽然他或许会因为一个伟大的作战计划而得到嘉许，但是他仍然少了完成一个伟大行动的功劳。

117 恺撒和亚历山大是两位著名的伟人。我们相信很多人的才能比恺撒和亚历山大还要高，如果得

到同样的条件,他们或许会取得更伟大的成绩。然而,他们并没有得到多少惊叹和赞美。与之相对的是,在任何时代和国家里,人们都会给予这两位英雄以惊叹和钦佩。我们可能会赞赏那些人,但是他们毕竟缺少伟大的事功,也就少了让我们目眩神迷的光辉。即使拥有卓越的品德和才干,还是不能同卓越的事功相比较。

118 君主在惩治叛逆罪时,最让他愤恨的是,叛逆者直接针对他本人,所以,他是在发泄自己的愤恨。而君主在处治其他罪行时,让他愤恨的是,这些罪行危害了自己的臣民,他的愤恨只是由于同情、体谅别人的愤恨而产生的。因此,在前一种场合,他是为了自己而处罚罪犯,那么他所作的判决很容易偏向严厉和残暴。哪怕面对着较轻的叛逆罪,他也会勃然大怒。在许多国家,一次阴谋叛逆的会谈,甚至只是一种叛逆的意图,虽然没有任何实际的行动,但是那些人受到的惩罚同犯下实际的叛逆罪是一样的。至于其他一切罪行，如果只是有所图谋而没有实行，则根本不会受到什么惩罚，更谈不上从重处罚。

119　我们对给我们带来好消息的人会产生感激之情。一时之间，我们把他们看成是我们好运的根源，仿佛是他们造成了这一结果，实际上他们只是告诉了我们这个好消息而已。最早给我们传达好消息的人自然受到我们的欢迎和感激：我们热情诚挚地拥抱他，甚至高兴地给他报答，好像他帮助了我们那样。根据各个朝廷的惯例，只要一个官员送来了捷报，他就有资格获得引人注目的提拔，因而在外作战的将军总是让他最宠信的人去传递胜利的消息。

120　有一类疏忽，虽然没有对任何人造成损害，似乎也应该受到惩罚。如果某个人事先没有警告可能通过的行人，就把一块大石头越过墙头抛在马路上，而自己并不在意那块石头可能落在什么地方，他无疑应该受到惩罚。即使它没有造成什么危害，一个忠于职守的警察也将处罚这种荒唐的行为。那个干出这种坏事的人藐视别人的幸福和安全。他的行为实际属于对别人的侵害。他使旁人面临着危险,显然,他没有正确对待其他的社会成员。而必须尊重其他的社会成员正是正义的基础。因此,在法律上,严重的疏忽几乎和恶毒的图谋相等。

121 根据阿奎利亚的法律,一个未能驾驭一匹突然受惊的马,而恰好踩倒了邻居的奴隶的人,必须赔偿损失。当发生这种意外时,我们往往认为他不应该骑这样一匹马,并且认为他试图骑这匹马是不可原谅的轻率之举。虽然,如果没有这一偶然事故,我们非但不会这样想,而且会认为他拒绝骑这匹马是胆怯懦弱的表现。那个因为这种意外事件而偶然伤害了别人的人,他自己也感到自己的过失应该受到责罚。他自然地奔向受难者,向他表示关切,并以各种方式赔礼认错。如果他讲道理,就必定想赔偿这个损失,并且尽其所能来缓解受害者的强烈愤怒。

122 人们都同意这一则格言：由于行为者无法决定行为的结果，所以，我们对于某个行为的功与过或合宜与否进行判断时，行为的结果不应该影响判断。但是，当我们自己牵涉在内时，我们却发现，我们自己的感情实际上很难完全符合这一公正的格言。行为的后果是好是坏，不仅影响我们对行为作何评价，而且几乎总是强烈地激起我们的感激或愤恨之情，以及对动机的功过判断。

123 在造物主看来，只有实际的犯罪，以及直接使我们产生恐惧的企图犯罪的行为，才应该理所当然地接受人们的惩罚与愤恨。根据冷静的理性分析，人类行为被评判为功劳还是过失，主要依赖于行为者心里的感觉、意图与情感。但上帝没有把审判这些感觉、意图与情感的权限交给人类，这种权限只保留给他自己永远不会误判的法庭。所以，人类在今生只应当为他们的行为而受罚，绝不应当为他们的动机和打算而受到惩罚，这是个必要的正义原则。

124　人，天生就要有所行为，天生就要尽力促进自己和别人的幸福。他必定不满足于消极的善行，也不满足于内心良好的希望。造物主教导他：为了达到他的目的，要全力以赴，除非他已经成功，否则他自己和别人都不会觉得完全满意，也都不会给予他最高的赞扬。造物主使他明白：缺乏善行的良好意愿，不能激起世人甚至他自己的高度的赞扬。没有完成一次重要行为的人，即使他或许只是因为缺少机会，也没有资格得到很大的报答。我们就算拒绝赞扬他，也不会遭到非议。我们还可以质问他：你干了些什么呢？你做出了什么实实在在的贡献当得起这么大的回报呢？

125　在古代未开化的人的传说中，有一些已经被奉献给神的圣地，只是在庄重和必要的场合才准予踩踏。而且，即使出于无知而违反规定的人，从践踏圣地那一刻起，就成了一个必须赎罪的人。在他完全赎罪之前，他将遭到神的报复。所以，同样的，每个

无辜者的幸福,都被造物主指定为属于他个人的神圣禁地,四周被围起来不准其他任何人接近,不可以被莫名其妙地践踏,甚至不可以被不知不觉地侵害。一个仁慈的人,在疏忽中意外地造成了别人的死亡,虽然没有犯罪,他还是感到自己是一个赎罪者。

126　一个人,无意中犯下了他不想触犯的罪行,或没有完成他有心要做的好事,上帝看在眼里,既不会让他的清白无辜得不到一点慰借,也不会让他的美德完全得不到奖赏。这时,那个人会呼唤一条正确而又公平的格言,即我们应得的尊敬不应该因为我们无法左右的行为结果而减少。他聚集起他的心灵中所有高尚的情感与坚定的意志,不理会旁观者现在怎么看他。他认为旁观者如果是公平正直的,就会知道应该怎么看他。

127　我们评判自己的感情和行为的起点,是我们以他人的立场来看待自己的行为。可以这样说,除非我们离开自己的身体,并以一定的距离来看待自己的情感和动机,否则我们就不可能对它们做出全面的审查,也不可能对它们进行评判。因此,无论我们对自己的情感和动机会做出什么判断,都应该会参照他人对我们的判断。我们努力像公正而无偏见的旁观者可能做的那样来考察自己的行为。如果我们经过设身处地的考虑,完全理解自己的情感和动机,对想象中的公正的法官的赞成抱有同感,我们就会对自己的行为表示赞同。如果不是这样,我们就会体谅法官的不满,并且责备自己的这种行为。

128 假如真有一个人在没有与人交往的情况下,在某个与世隔绝的地方长大成人,那么,就像他不可能想到自己面貌的美或丑一样,他也不可能想到自己心灵的美或丑。所有这些都是他不能轻易弄清楚的,他没有镜子。当这个人进入人类社会之后,他马上就得到了他以前没有的镜子。同他相处的那些人的表情和行为就是这面镜子。无论他们赞同还是不

赞同他的情感,总会体现出来。正是在这里,他第一次观察到自己感情的合宜与不合宜,观察到自己心灵的美和丑。

129 我们对身体美丑的最初想法来自于评论别人的外形和容貌。然而,我们很快就知道别人也会对我们品头论足。我们渴望知道,自己的外貌会得到他们什么样的批评或赞许。我们通过照镜子或者用诸如此类的方法,尽可能地以他人的眼光来看待自己,检视自己的全身上下。如果我们对自己的外貌感到满意,我们就会很平静地忍受别人不留情面的恶评。反之,如果我们感到自己成了厌恶的对象,那么,他们的每一个不赞许的表情都会使我们感到羞辱。我们之所以在乎自己的美和丑,显然是考虑对他人的影响。如果我们同社会没有联系,就完全不会对自己的外表表示关心。

130 当我努力考察自己的行为时,当我努力对自己的行为作出判断时,我仿佛把自己分成两个人:一个"我"是审察者和评判者;另一个"我"是被审察和被评判的行为者。第一个"我"是个旁观者,当我们观察自己的行为时,我们也会设想自己的处境,并理解自己的情感。第二个"我"是行为者,对这个"我"的行为我将以旁观者的身份作出评论。第一个"我"是评判者,第二个"我"是被评判者。这两个都是"我",不过,评判者和被评判者不可能完全相同,就像原因和结果不可能完全相同一样。

131　人,天生就希望被人热爱,而且希望自己是一个可爱的人,或者说,希望成为应当被热爱的人。他天生就害怕被人憎恨,而且害怕成为可恨的人,或者说,害怕成为应该被憎恨的人。人们不仅希望被人赞扬,而且希望自己是一个值得赞扬的人,或者说,希望成为那种虽然没有受到人们的赞扬,但确实是应当受到赞扬的人。人们不仅害怕被人责备,而且害怕成为一个该受责备的人,或者说,害怕成为那种

虽然没有受到人们实际的责备,但确实是应该被责备的人。

132 好胜心,即希望我们自己胜过别人的心理,产生于我们对他人的卓越感到的钦佩。我们都有好胜心,但是,即使我们受到别人的赞扬,也不表示我们的好胜心得到了满足。我们至少得相信,我们具有像别人那样值得赞扬的素质。要想获得这种满足,我们必须变成公正的旁观者,用别人的眼光看待自己的品行。经过观察,如果它们看起来跟我们希望的一样,确实值得赞扬,我们就会感到快乐与满足。如果我们发现别人看待我们时,有着与我们相同的见解,那么我们将更加快乐和满足。他们的赞扬必然会让我们觉得自己确实值得赞扬。

133 当我们被赞扬,而实际上并不值得赞扬时,这种赞扬几乎不可能带来多大的快乐。由于不明真相或误解,落在我们头上的尊敬和钦佩决不会让我们满足。那个因为误解称赞我们的人，不是在称赞我们，其实是在称赞别人。我们不可能对他的称赞感到丝毫的满意。对我们来说，这些称赞会比任何责难更使我们感到耻辱，它会不断地使我们反省。这种反省提醒我们：我们应该是什么样的人，但实际上我们不是这样的人。

134 一个涂脂抹粉的女子，即使别人赞美她的肤色漂亮，她也不可能感受到多少快乐。我们认为，这赞美反而让她想起，别人会怎么看她的真正肤色，相形之下，这悬殊的对比使她感到难过。如果这名女子因为听到这种毫无根据的赞美而感到高兴，那只能证明她的个性浅薄、轻佻。这就是名副其实的爱慕虚荣。正是爱慕虚荣，造成了各种矫揉造作与庸俗的谎话。

135 愚蠢的说谎者，通过叙述子虚乌有的冒险事迹来激起同伴的钦佩；妄自尊大的花花公子，摆出一副显赫和高贵的架子。毫无疑问,他们都为已经得到的赞扬所陶醉。然而,他们的虚荣心是一种幻觉。他们不是以他们的朋友应该有的眼光在看待他们自己,而是以他们相信他们的朋友会有的眼光在看待他们自己。他们的浅薄和愚蠢总是使他们无法反省自己。他们也不知道,一旦真相大白时他们在其他人眼里将是多么的卑劣可鄙。

136 我们不仅为赞扬而感到高兴,而且为做下了值得称赞的事情而感到快乐。即使我们实际上没有得到任何赞同,还是感到愉快。我们期待着将会落在自己身上的称许和赞美,如果这些称赞的确还没有实际发生,那只是因为大家不知情。人们之所以甘愿抛弃生命,去追求他们死后再也不能享受的名誉。是因为他们预料自己将会被授予那种荣誉。他们耳边回响着永远不会听到的赞许,他们心头回旋着永远不会感受到的赞美,这些想象消除了他们心中强烈的恐惧,并且使他们情不自禁地做出常人难以企

及的行为。

137 当造物主造人的时候,她赋予他一种根本的愿望,使他想要取悦他的同胞。但是,那不足以使他适合社会。因此,造物主也赋予他另一种愿望,使他想要当一个应该被赞许的人。前一种愿望,只能够使他从表面上去适合社会;后一种愿望,使他真正地适合社会。前一种愿望,只能够使他表面行善,私底下掩盖罪恶;后一种愿望,使他真正地热爱美德、远离罪恶。

138 如果有人犯下了滔天大罪,即使他能够保证没有人会知道他的罪行,甚至他也相信造物主不会惩罚他,但是他仍然感觉到自己终生难以逃脱的悔恨之情,仍然觉得自己应该是所有人憎恨和愤怒的对象。这种痛苦,像魔鬼一样纠缠着这个自知有罪者,让他一生不得平静和安宁。隐匿罪行不可能使他摆脱它们,排斥宗教信仰也不可能完全使他从这中间解脱出来。能够不受这种折磨的人，都是那些对名声好坏、个人善恶漠不关心的人，也就是最卑鄙和最恶劣的人。

139 恶贼和拦路强盗，这些任意犯罪的人往往很少觉察到自己的恶劣，所以从不后悔。他们把上绞刑架看成是自己的宿命，他也不愿考虑这种惩罚是否公正。因此，当这种命运确实落在他们身上时，他们只是认为自己运气不好而已，他们接受自己的命运，除了害怕死亡之外，没有感觉到其他什么不安。我们经常发现，有时这种恶贼和拦路强盗，这种卑微的可怜虫能轻易地战胜死亡的恐惧。

140 一个清白无辜的人，当他遭到不实的指控，将某一重罪归咎于他时，虽然他的意志异常坚定，他仍然感到震惊，而且对此深感屈辱。那个清白无辜的人，由于感受到死亡，而心里不安，但更折磨他的，是他所受到的不公平对待。他痛苦地想象着：今后他

最亲密的亲友们一想起他,就觉得羞愧,他们甚至会憎恶他,因为他们误认为他做了那个可耻的行为。为了人们的心灵得到安宁,我们希望这种严重的冤屈,尽量少发生。但是,在所有国家,甚至包括一些司法制度相当完善的国家,这种情况也不时发生。

141 对于被冤枉犯下严重罪行的那些人来说,他们的视野,如果仅局限于现世这种卑微的人生观,也许就无法为他们提供多大的心理慰借。他们不再能做什么事情,使自己变得高尚可敬。他们已经被判了死刑,并将永远背负着骂名。在这种时候,只有宗教信仰才能让他们得到真正的慰借。只有信仰宗教,他们才会相信,只要全知全能的上帝赞同他的行为,人们怎么看待他是无关紧要的。宗教信仰向他们打开了一个全新的世界,一个更光明、更仁慈和更公正的世界。在那里,他们的清白无辜会获得广泛宣告,他们的美德会得到报答。

142 诗歌是否优美是属于细腻精细的鉴赏力的问题。一个年轻诗人很难确定自己的诗歌是否优美,所以,一旦得到朋友和公众的好评,他会喜出望外;一旦得到糟糕的评价,他就无地自容。拉辛的《费德尔》是一部最好的悲剧,或许已译成各国文字,拉辛对它没有获得多少好评深为不满,因而他虽然风华正茂,写作技能处于巅峰,也决意不再写作任何剧本。这位伟大的诗人经常告诉他的孩子:琐碎和不恰当的批评给他带来的痛苦,超过高度的和正确的赞颂给他带来的快乐。众所周知,伏尔泰对轻微的指责同样极为敏感。

143 相反,数学家对自己发现的定理的真实性和重要性充满自信,因此对于人们怎样对待自己毫不介意。艾萨克·牛顿爵士的伟大著作《自然哲学的数学原理》被公众冷落了好几年。那个伟人的平静从未因此受到片刻的搅扰。自然哲学家们同数学家相近,不受公众评价的影响,对自己发现和观察所得知

识的价值，具有同数学家相等的自信和泰然自若。
由于不在乎公众的评价，数学家们与自然哲学家们
很少去组成各自的派别和团体，来维护自己，贬低对
手。他们通常和蔼可亲、胸怀坦荡，相互之间能够和
睦相处，维护彼此的名誉，不会为了博取公众的赞誉
而明争暗斗。如果他们的工作获得肯定，他们自然
分外高兴，如果他们的作品受到冷遇，他们也不会
恼怒。

144　对诗人或那些自夸自己作品优秀的人来说，情
况就不是这样。他们非常容易分成各种文人派别。
每个团体公开地诋毁其他阵营的名誉，要不然就秘
密地予以打压。他们各自运用阴谋诡计争抢公众的
好评，攻击敌对阵营的作品。在法国，波洛瓦和拉辛
充当某一文学团体的领袖，首先贬低奎纳特和裴罗
特的声誉，后来贬低丰特奈尔和拉莫特的声誉，甚至
以一种极为无礼的方式对待善良的拉封丹，他们不
认为这样会有失自己的身份。在英国，和蔼可亲的

爱迪生先生并不认为为了贬低蒲柏先生与日俱增的声誉而充当某一小文学团体的领袖,会同自己高尚和谦虚的品质不相称。

145　一个人可以贿赂所有的法官以使自己胜诉,但是他心里知道,自己是不是有道理,与法官的判决无关。所以,如果只是为了证明自己有理,他就没有必要去贿赂法官。如果赞扬只是能证明我们应该受到赞扬,它对我们来说就并不重要,我们就不会不择手段去得到它。不过,对聪明人来说,在受到怀疑的情况下,别人的赞扬能证明他应该受到赞扬,所以赞扬因为其自身的缘故而具有重要性。因此,在这种情况下,聪明人有时也企图用很不正当的手段去获得赞扬和逃避责备。

146　赞扬和责备,表明别人对我们的品行实际有什么感觉;值得赞扬和应当责备,表明别人对我们的品行应该有什么感觉。喜爱赞扬,就是渴望获得同胞们的好感。喜爱值得赞扬,就是渴望自己成为那种好感的合适对象。一个人做出值得赞扬的行为,到底是基于哪种理由?是渴望获得这一行为应得的赞扬?还是渴望获得比应得的更多的赞扬?他自己常常分辨不清,对别人来说就更难了。贬低他的行为价值的那些人,把它归结为对赞扬的喜爱,即虚荣心。有意正面评价其行为的那些人,把它归结为对值得赞扬的喜爱,即对光荣又高尚行为的喜爱。旁观者是在根据自己思考的习惯,或者根据自己的好感或恶感,既可把这种行为的理由和动机想象成这个样子,又可把它想象成另一个样子。

147 如果一个人做出值得赞扬的行为,就显露出对赞扬较强烈的渴望,这往往表明他不是一个伟大的智者,而通常是性格软弱的标记。但是,在渴望避免责备的焦虑之中,不存在性格软弱,而常常包含着极其值得赞扬的谨慎。

148 造物主按照自己的设想来造人,并指定他作为自己在人间的代理者,以监督其同胞们的行为。他的同胞们也天生被教导承认这种权威和裁判权,当他们遭到责难时感到丢脸和屈辱,而当他们得到赞许时则感到得意。人以这种方式变为人类的审判员,但这只是第一审。最终的、决定性的判决来自于更高一级的法庭,也就是人们良心的法庭,来自于内心那个想象中的、公正的和无所不知的旁观者的法庭。这两种法庭实际上是不同的。外部那个人的裁决权基于对实际赞扬的渴望以及对实际责备的嫌恶。内心那个人的裁决权则基于对值得赞扬的渴望以及对该受责备的嫌恶。

149 当所有的同胞似乎都高声责备我们时,我们几乎不敢宽恕自己。那个内心的人,我们设想的公正的旁观者在提出有利于我们的评判时,也会怀着恐惧和犹豫不定。在这种情况下,我们心中这个半神半人的旁观者,虽然部分具有神的血统,但是也部分

具有人的血统。当他的判断与我们的同胞一致时，他的感觉可靠而坚定，他似乎在按照神的血统行事；但是，当愚昧无知和意志薄弱的旁人的判断使他大惊失色时，他就暴露出自己同人的联系。这种时候他是按其血统中人的部分行事，而不是按其血统之中神的部分行事。

150　在这种情况下，那个痛苦而意志消沉的人只好向更高的法庭，向无所不知的宇宙的最高审判者求助。这个审判者不会被蒙蔽，不会做出错误的裁决。他相信，这个最高审判者最终会给他一个公平。他在沮丧和失望时所能得到的唯一支持，就是坚信他能得到这个最高审判者的公正裁决。天性让他感觉到这个最高审判者保护着他，不仅保护他在尘世的清白无辜，而且还保护他的内心平静。

151　很多时候，我们不得不把今生的幸福托付于来世。对来世渺茫的希望和期待来自于人类的天性，只有它能支撑人性尊严的崇高理想,能照亮不断逼近人类的难免一死的阴郁前景,并且在由于尘世的混乱导致的深重的灾难之中保持乐观情绪。

152 有一则教条说,人有来世,在那里,每个人将受到公平的审判,凡是德行相同的人,都将被排列在一起,享有同等的地位。在今生,有的人由于时运不济而无缘展现才能与美德。他的才能与美德不仅不为一般民众所知,而且连他本人也不能确信,甚至内心里的那个人也几乎不敢肯定他自己。然而,在那个来世里,他的优点将得到公正的评价,对他的评价甚至会超过那些在今世享有盛誉只是由于他们处境优越而建立了丰功伟业的人。这教条,是这么值得尊敬,是这么使软弱的心灵获得抚慰,以至于每一个怀疑这教条的人,最终都忍不住想要相信它。

153 我们自己微小的利益得失,比起与我们无关的他人的至高利益,显得更重要,并且会在我们身上引起更为强烈的喜悦或悲伤。由于我们那原始自私的天性,我们在衡量他人的各项利益时,总是偏向于我们自己的利益。所以,我们必须改变自己的立场。我们要想公正地衡量那些相对立的利益,既不可以站在我们自己的立场,也不可以站在对方的立场,我们只能站在第三者的立场。这个第三者和我们双方都没有特殊的利害关系,因此可以不偏不倚地作出公正无私的评判。其实,在习惯与经验的作用下我们经常把自己当做第三者,只是我们自己感觉不到而已。

154 假定中国这个伟大帝国连同她的全部亿万居民突然被一场地震吞没,那么一个同中国没有任何关系的、富有人性的欧洲人在获悉这个可怕的灾难时会有什么感受? 我认为,他首先会表示深切的悲伤。如果他是一个投机商人,还会想到这种灾祸对欧洲的商业和全世界的贸易的影响。当他做完了这些精妙的理论推理,当他充分表达了他悲天悯人的

情感,他就会像往常那样做他的生意或追求他的享受,好像这种不幸的事件从来没有发生过。如果明天将要失去一个小指头,他今晚就会辗转反侧、难以入眠。但是,假如中国的亿万同胞中没有他认识的人,他在知道了他们毁灭的消息后仍将呼呼大睡。亿万人的毁灭同他微小的不幸相比,显得无足轻重。

155 究竟是什么因素促使高尚的人在所有场合,平常的人在许多场合,为了他人的更大利益而愿意牺牲自己的利益呢? 不是温和的人性力量,不是天性燃起的仁慈火花。在这种场合发挥作用的,是良心,是在我们内心的那个人,是那个评判我们行为的伟大的法官和仲裁人。一旦我们将要威胁到他人的幸福,他就会向我们大声疾呼:我们只是芸芸众生中的一个,并不比其他人更重要,如果我们过分看重自己,就会遭到其他人的憎恨和咒骂。

156 有两派不同的哲学家试图教我们学习道德课

程中最困难的一课,矫正我们情感中的不公平——太看重自己而过分轻视别人。其中一派努力想要增强我们对他人的利益得失的感觉能力;另一派则努力想要减弱我们对自己的利益得失的感觉能力。第一派哲学家要我们同情他人就像我们同情自己那样;第二派哲学家要我们同情自己就像我们同情他人那样。

157 第一派道德学家指责我们:在这么多人处于不幸时,我们在愉快地生活。有这么多不幸者,他们在灾难中挣扎,在贫困中煎熬,在受疾病的折磨,在担心死亡的到来,在遭受敌人的欺侮和压迫。在这种情况下,我们还对自己的幸运满怀喜悦,这是邪恶的。他们认为,我们应当抑制自己的快乐。但是,首先,对自己不知道的不幸表示过分的同情,是荒唐的。整个世界平均起来,有一个不幸的人,就有二十个人在高兴之中。没有理由可以说明,我们应当为一个人哭泣而不为二十个人感到高兴。其次,这种不自然的怜悯,不可能全部做得到。这种故作多情的悲痛并不能感动人心,只能使脸色和谈话变得阴沉和不愉快。最后,这种德性无济于事,只能给自己带来烦恼而不能给别人任何好处。

158 毫无疑问,所有的人,即使是那些离我们非常遥远的人,也有资格得到我们良好的祝愿,我们也自然会给予他们良好的祝愿。但是,当他们陷入不幸时,让我们自己烦恼,似乎不应该成为我们的责任。按照造物主的明智安排,对于那些我们既无法帮助也无法伤害的人的命运,对那些各方面都同我们毫不相干的人的命运,我们只要稍加关心就足够了。如果一定要改变我们这种原始天性的话,那么这种改变并不能使我们变得更好。

159 另一类道德学家通过降低我们对自己利益的感受,努力纠正我们重视自己而轻视他人的倾向。在这里,我们可以列举出全部古代哲学家派别,尤其

是古代的斯多亚学派。根据斯多亚学派的理论,世界是一个相互联系的整体,人不应该把自己视为独立分离的东西,而应该把自己看做一个世界公民,看做浩瀚的大自然界共和国的一个成员。他应当为了伟大的整体的利益而甘愿放弃自己的蝇头小利。他应该把发生在自己身上的事情看做邻居的事情,换言之,像邻居看待我们的事情那样,看待自己。

160 在绝大部分人心中,对子女的爱超过对父母的孝顺,这是出于造物主明智的安排。因为人类种群的延续主要依靠对子女的爱,而不是对父母的孝顺。在正常情况下,子女的生存和安全离不开父母的照顾,而父母的生存和安全很少依赖子女的关怀。造物主的这种安排往往使父母对子女的爱过于强烈,它通常需要节制。因此,道德学家们经常劝告我们要抑制对自己子女的溺爱和关怀,很少纵容我们娇惯子女。反过来,他们经常提醒我们,要照顾自己的父母,当他们年老时好好地报答他们,为了他们给予

过我们的养育之恩。例如,基督教的"十诫"里有"当孝敬父母",而没有提到要热爱自己的子女。

161 我们责备为人父母者对子女的过分溺爱和焦虑,因为情况最终会证明这对子女是有害的,同时也让父母非常烦恼。但是我们从来不憎恨和厌恶父母对子女的溺爱,很容易原谅它。而有的父母缺少对子女的爱,这种父母特别令人憎恶。如果哪个父母对自己的亲生儿女毫无温情,在所有场合都严厉而粗暴地对待他们,那这种父母就是暴徒之中最可恨的人。

162 仅仅是缺少财富,仅仅是贫穷,不会引起多少同情。穷人的抱怨非常容易成为轻视的对象,而不是同情的对象。我们瞧不起一个乞丐,虽然他的缠扰不休可以从我们身上索取到一些施舍,但他从来不是真正怜悯的对象。从富裕沦为贫困,由于它通常使受害者遭受极为真实的痛苦,所以经常引起旁观者真诚的怜悯。对遭逢这种不幸的人,我们会原谅他某种程度的软弱表现。同时,那些自强不息的人,平静地适应了新的环境,这种地位的变化并没有让他感到羞辱,因为他以自己的品质和行为来衡量自己的社会地位,而不是通常以为的财富。这种人总是最为我们所赞同,并且肯定会获得我们高度的钦佩。

163 当一个年轻人怨恨对他品质的无端指责时,即使这种怨恨有些过分,我们也尊敬他。一个纯洁的年轻小姐因为有关她行为的没有根据的流言而感到苦恼,往往使人们同情。年纪较大的人,由于长期体验世间的邪恶和不公正,已经学会不在意别人对他的责难或称赞。这种冷淡,建立在人们经过多次磨炼而树立起来的坚定的自信心的基础之上。但这种冷淡在年轻人身上出现,是令人讨厌的。年轻人身上的这种冷淡,有可能预示着他们会对真正的荣誉和耻辱产生麻木不仁的感情。

164 现在流行着对人类的软弱极度宽容的风气,在某段时间内,禁止陌生人拜访那些遭逢重大家庭变故的人,而只允许亲朋好友去拜访他们。人们认为,亲朋好友在场比起陌生人在场可以让受害者少受一些约束,受害者更容易适应。其实,受害者并没有这么软弱。当有敌人来进行那些"善意"的访问时,哪怕是世界上最软弱的受害者,也会表现得很镇静,他的举止看起来既轻松又愉快,他要以此对来访者的恶意表示出自己愤慨和蔑视。

165 真正坚强的人,在自我控制的大学校中受过严格训练。在一切场合,他都始终能控制自己的感情,无论在成功的时候和受到挫折的时候,在顺境之中和逆境之中,在朋友面前和敌人面前,他都带着同样镇定的表情,都保持同样的心情。他从来不会忘记,有一个公正的旁观者注视着他的行为和感情。他从来不敢放松,因为这个旁观者会公正地评价他的行为和感情。他经常会考虑这个旁观者会如何评价自

己。在习惯了这个旁观者的眼光之后，他随时都按照这个心目中的法官的要求行事。这种习惯约束了他的行为举止，也规范了他内心的情感和感觉。他真正地接受了公正的旁观者的感受，某种意义上，他自己就是那个公正的旁观者。

166 一个人自我赞许的程度，完全取决于该行为需要自我克制的程度。如果不需要自我克制，那也就不存在自我赞许。一个忘记了自己的手指头稍微有点擦伤的人，不会赞扬自己勇敢，因为这个不幸实在不足挂齿。相反，一个在炮击中腿被炸断的人，在片刻之后就恢复了从前的沉着冷静，这次由于需要更高程度的自我克制，所以他自我赞许的程度自然更高。

167 征服痛苦与危难所需要的自我克制程度越高，这种征服所带来的幸福也越大。斯多亚派的哲学家们说，在遭逢悲惨的意外时，真正的智者的幸福，是

不会减少的。这样说也许有点偏激，但至少有一点不可否认，沉浸在自我赞扬中的人，就算感觉到自己不幸，这种痛苦也会大大减轻。造物主对痛苦和悲伤的辛酸所能给予的唯一补偿，就是我们自我控制后获得的快乐和骄傲。

168 幸福存在于平静和愉快之中。没有平静就不会有愉快。只要心情完全平静，就肯定会发现能带来乐趣的东西。哪怕在没有希望加以改变的长期处境中，每个人的心情在或长或短的时间内，都会重新回到自然的平静状态。在顺境中，经过一定时间，心情就会降低到平静的状态；在逆境中，经过一定时间，心情就会提高到平静的状态。时髦而轻佻的洛赞伯爵（后为公爵），在巴士底狱中过了一段囚禁生活后，心情恢复平静，能以喂蜘蛛自娱。

169 人类生活不幸和混乱的原因，就在于人们过高地估计了不同的长期处境之间的差别。贪婪的人把贫穷和富裕之间的差别看得过大；野心家把普通百姓和公众人物之间的差别看得过大；虚荣的人把湮没无闻和闻名遐迩之间的差别看得过大。其实，随和的人在各种环境中同样可以保持平静、高兴和满意。有些处境无疑比另一些处境更值得追求，但是没有一种处境值得我们违反谨慎或正义的法则。或者说，值得破坏我们内心未来的平静，使我们为自己的愚蠢行动而感到羞耻，或者由于厌恶自己的不公正行为而产生懊悔。

170 专心考虑一下你读过的、听到的失败的行为是什么样的，你就能找到绝大部分失败的原因，它们都是因为当事人不满足于现状，他们没有看到自己的处境已经很好，他们不能容忍止步不前。一个体质本来不错的人，还想用药物来增强自己体质，他的墓碑上面刻着："我以前身体健康，我还想使身体更好，结果却是，我躺在了这里。"这一碑文可以非常恰当地表现出贪心和野心落空时所产生的痛苦。

171　一个巨大的、纯然无可挽回的不幸，可能不会给受害者的内心带来过长时间的纷乱。从大权在握变成微不足道，从富人变成穷光蛋，从自由身变成犯人，从身体强健变成身患缠绵不去的绝症，在面临如此不幸的时候，一个认命的人，接受现实的人，最容易恢复他平静的心态。但是，有些不幸看起来似乎可以补救，但当事人没有足够的能力予以补救，在这种事件中，当事人的心情最难恢复自然平静。当事人会尝试去补救，然后他盼望自己的尝试成功，经常陷入焦虑，最后因为尝试的失败而失望沮丧，往往一生凄惨。失势的政治家继续拉帮结派、阴谋算计，破产倒闭者还在筹划风险极大的商业计划，监狱中的囚犯老想着越狱，这些除了破坏他们心中的平静之外，没有其他作用。正如对病入膏肓的人来说，医生所开的处方，反而带来更大的痛苦。

172　从理论上分析，越具有同情心的人越能自我控制。但是，有的深具同情心的人从来没有得到最完

善的自我控制力。他可能长期生活在悠闲和平静之中，他可能没有参与过残酷的派系斗争或危险的战争，他可能没有体验过上司的蛮横无理、同僚们的妒忌，或者没有体验过下属们偷偷摸摸的伤害。当他年迈之时，当命运的突然变化使他面临所有这一切时，它们会产生非常大的冲击。自我控制力的培养离不开锻炼和实践。能教会我们自我控制的最好老师是苦难、危险、伤害、不幸，但是没有一个人希望遇到这些老师。

173 培养高尚的人类美德，和形成严格的自我控制的美德，它们的环境并不相同。不放过敌人是战士的职责，而如果一个战士好几次执行杀死敌人的任务，为了使自己心安，他学会轻松地看待自己造成的不幸，以至于在杀人时不动声色。这位战士所处的严酷环境使他具有极高的自我控制能力，但它同时使战士习惯于伤害他人的生命。这种自我控制会冲淡人们对他人财产或生命的尊敬，而这种尊敬正是

正义和人性的根基。与此相反,我们经常发现一些富有人性的人,他们仁慈,却缺少自我控制。他们努力追求最光荣的功绩,但只要一遇到艰难困苦,就消极、动摇,容易泄气。

174 你处在不幸之中吗?不要一个人暗自伤心,不要按照你好朋友的同情来缓慢地节制自己的痛苦,要尽可能快地回到世界和社会的阳光中去。你要和一些陌生人,和那些不了解你或者不关心你的人待在一起。你也不要回避你的敌人,你要让他们觉得不幸没有影响到你,你要让敌人的幸灾乐祸变成垂头丧气,这样你的心情就会愉快。

175 当一个国家和另一个国家打交道时,公正的旁观者是中立国。但是,中立国和当事国相距遥远,以致旁观者看不到真相。当两个国家发生冲突时,每个国家的公民都不会关注外国人可能持有的看法。他们更希望获得自己同胞们的赞同。因此,在战争

和谈判中很少有人遵守正义的法则,真理和公平则被人忽视。一个外交使节,如果欺骗了外国的大臣,会受到本国人们的钦佩和赞扬。一个正直的人,不屑于猎取别人的利益,在私人道德中被人称赞。但如果他同样不屑于盗取外国的利益,却被认为是一个傻瓜、冤大头,他的同胞们会看不起他,有时甚至是嫌恶他。

176 无论在俗世中还是基督教会中,敌对党派之间的仇恨常常比敌对国家之间的仇恨更为强烈,他们的行为也往往更为残暴。制定党派法规的人,常常比国际法的制定者更不注意正义法则。所以,在敌对政党之间的激烈斗争之中,很少人可以置身事外,成为公正的旁观者。对敌对的政党而言,世界上根本就没有这样一个公正的旁观者。他们甚至把自己的偏见都归结到上帝,并且常常认为神圣的神和自己一样,受到复仇的激情的鼓舞。因此,派性和狂热性是道德情感的最大的败坏者。

177 当我们打算行动时,热烈的激情往往不容许我们像中立者那样坦率地考虑自己正在干的事情。在那个时候,那种强烈的情绪,使我们看到的事物全变了样。甚至当我们尽力置身于旁观者的地位,并且尽力用他的眼光去看待我们感兴趣的事物时,我们自己的强烈激情也不断地把我们召回到自己的位置,在那里,一切事情都似乎被自爱之心放大和扭曲了。马勒伯朗士神父说过,各种激情都会证明自己是合理而又适宜的。

178 当行动结束,行动的激情平息之后,我们能够比较冷静地去体会公正的旁观者的情感。以前我们感兴趣的东西,变得无关紧要,现在我们能够以旁观者的坦率和公正来考察自己的行为。然而,即使在这种场合,判断也很少是十分公正的。我们对自己品质的评价,完全依赖于对自己过去行为的判断。想到自己的罪恶是很不愉快的。因而我们常常故意背过脸去,装作没有看见不利于我们的那些情况。

仅仅因为我们羞于和害怕看到自己曾是不义的人,
我们就不愿正视自己的行为,甚至固执于不公正的
行为。

179 这种自我欺骗,这种人类的致命弱点,是人类
生活混乱的根源之一。然而,上帝并没有放任我们
这种缺陷的泛滥而不管,也不会允许我们总是受到
自爱的欺骗。我们对他人行为不断的观察会引导我
们建立关于什么事情应该做,什么事情不应该做的
一般准则。别人的一个行为让我们毛骨悚然,我们
听到周围每个人都表现出相同的憎恶,这就进一步
巩固了我们的感觉。我们决意不犯相同的过错,也
不使自己成为人们普遍指责的对象。这样,我们就
顺理成章地归纳出一条一般的行为准则,即不要让
我们自己成为可憎、可鄙或该受惩罚的对象。

180 我们最初赞同或责备某些行为,并不是因为经
过考察,判断出它们符合或不符合某个一般准则。

相反,一般行为准则是根据我们从经验中发现的,是从某种行为被人们所赞同还是反对而形成的。一般准则在某些场合,它们帮助我们判断:人类行为中有哪些是正义的,又有哪些是不正义的。这似乎误导了一些非常著名的作家,在他们的理论体系中,认为人类判断正确和错误行为,就像法院的法官审理案件一样,即首先考虑某条一般准则,然后再考虑这个行为是否符合这一准则。

181 许多人非常尊重自己确立的行为准则,在他们的一生中都据此行事。所以,他们的行为中规中矩,他们几乎从来没有受到重大指责,然而,这些人也许从未感受到其得体的行为背后应有的合宜的情感。一个人得到了另一个人的巨大帮助,由于天性冷淡,他心中可能只有一点点感激之情。然而,他接受过完整的道德教育,他明白,忘恩负义的行为多么惹人讨厌,而知恩图报又显得多么可爱。因此,虽然他的心里并没有任何感恩之情,他仍会努力对自己的恩人表现出感激之情。他会经常拜访他的恩人；他会对恩人十分恭敬；只要他谈到恩人，他一定肃然起敬，一定把他得到的恩惠挂在嘴边。而且，他将不失时机的为过去所受的恩惠做出适当的回报。

182 一个妻子有时对她的丈夫没有夫妻之间应有的那种柔情。然而，如果她有较好的道德修养，她会对她丈夫关照体贴，忠诚相待，表现得无可指责，就好像她具有那种柔情一样。这样一个妻子，无疑不是最好的妻子。虽然她认真和迫切地履行自己的各种责任，但是她在许多方面做不到体贴入微，一定会在一些环节上犯错。如果她真正具有妻子应有的感情，就会体贴入微，很少犯错。不过，她虽然不是最好的妻子，也许仍排得上第二。因为，构成大多数人类的是粗劣的黏土，而这种黏土是不可能被塑造成完美的模型的。通过训练、教育和示范，人们会对一般准则留下深刻的印象，能在大部分场合表现得比较得体，这已经算不错了。

183 有节操的正直的人和卑劣者之间本质的区别，就在于是否尊重一般准则。正直的人坚定地遵从他所信奉的准则，一生都不会动摇。卑劣者则让人捉摸不定，采取什么行为要看他的心情或兴趣。每个人的心情都很容易发生变化，如果不尊重一般准则，人往往会做出不合理的行为。你的朋友在你正好不愿接待时来拜访你。以你当时的心情，你很可能觉得他来得不是时候。如果你的行为出自你的心情，那么，就算你是想以礼相待，但是你的言谈举止也会显得冷淡和不耐烦。要想做到不失礼，只有尊重礼貌和好客的一般准则才行。你对这些准则的尊重，使得你的举止能够做到大致相当得体，并且不让那些心情变化影响你的行为。

184 对一般准则的尊重起初是出于人的天性。人们想象出来的神，被塑造成具有和人一样的情感。一个受到伤害的人，祈求朱庇特为他所受的冤屈作证，他深信这位神会产生义愤，就是最平凡的人目睹

不公正的行为时也会产生这种义愤。那个伤害别人的人感到自己成了人类憎恶和愤恨的对象，他认为神也会对他产生憎恶和愤恨。他无法规避这些神，无力抵抗这些神。人们普遍地讲述和相信众神会报答善良和仁慈，惩罚不忠和不义。宗教所引起的恐惧心理对人类的幸福来说太重要了。

185 无论我们自己的是非之心是怎样建立起来的，上天赋予我们这种是非之心，是为了指导我们的行为。这种是非之心极具权威，它们是我们行为的最高仲裁者。我们的是非之心决不和我们天性中的其他一些官能和欲望处于同等地位，它们有权限制其他官能和欲望。没有一种其他的官能和欲望可以评判另一种官能和欲望的好坏。爱并不评判恨，恨也并不评判爱。但是，是非之心具有特殊的评判功能，它会裁判我们的其他天性，并给予责备或称赞。

186 当造物主创造人时，其本意是给他们以幸福。

在我们看来,造物主工作的目的都是为了促进幸福,防止不幸。于是,我们在是非之心的驱动下做事情,就是在寻求促进人类幸福的最有效的手段,因此,从这个方面说,我们是在配合造物主,一起促进那个提高我们幸福的计划。相反,如果不理会是非之心,我们就在阻碍我们的幸福,并且表明自己在与造物主为敌。因此,在前一种场合,我们会期待造物主赐予我们特殊的恩惠和奖赏,而在后一种场合,我们害怕造物主会报复和惩罚我们。

187 尽管世界万物看起来毫无规律,但是,即使在这样一个世界上,每一种美德也必然会得到适当的奖赏。什么是对诚实、公正和仁慈最恰当的奖赏呢?是我们的信任、尊重和敬爱。当然,一个好人可能被错误地怀疑犯有某种罪行,他很冤枉地遭到人们的憎恶和反感。但是,单个人的单一行为的确容易被人误解,他的所有行为的总特征却不大可能被人误解。一个清白的人可能被人冤枉,被认为做了坏事,

然而这种情况很少见。相反,他的一贯清白常常会引诱我们在他真正犯罪之时为他开脱。同样,一个长期以来一直做坏事的人,被作为恶棍记住的人,在他确实无罪的时候也会经常受人怀疑。

188 勤劳的恶人辛苦耕种土地,懒惰的好人任由土地荒芜。最终谁应该得到收成呢?哪个人应该挨饿,哪个人应该富裕呢?按照自然规律,事物的进程有利于恶人,然而,人们的天然感情偏向于好人。人类的法律,体现了人类的感情。它会剥夺勤勉的叛国者的生命和财产,用来报答大手大脚但忠诚而热心公益事业的好公民。人,就这样被造物主指引,对物重新进行分配。

189 "这符合神的伟大吗?"克莱蒙大主教质问道,"听任他亲手创造的世界混乱不堪;听任恶人总是胜过好人;听任篡位者废黜无辜的君王;听任父亲被忤逆的儿子杀害;听任丈夫被泼悍不忠的妻子打死,这

符合神的伟大吗？啊，上帝！如果这就是你，如果这就是我们敬畏崇拜的上帝，我就不再承认你是我的父，是我的保护人，在我悲伤时给我安慰，在我软弱时给我支持，在我忠诚时给我奖赏。你将被看做一个懒惰而古怪的暴君，这个暴君为了自己傲慢的虚荣心而践踏人类的幸福，他之所以创造人类，只是为了把他们作为由他任意摆布的玩物。"

190 宗教加强了天生的责任感，因此，人们通常相信深受宗教思想影响的那些人，诚实正直。人们认为，这些人的行为除了受到世俗的约束外，另外还有一种约束。信仰宗教的人行动起来会审慎，因为至尊的神会根据他的实际行动给予评判。因此，人们相信他循规蹈矩和一丝不苟。无论是哪里的宗教，只要那儿没有卑鄙的小集团和宗派搞破坏；无论是哪里的宗教，只要那儿没有人注意琐屑的宗教仪式胜过正义和慈善的行为，只要没有人通过献祭和愚蠢的祈求之后就心安理得地从事欺诈和暴行，那么，

世人加倍地信任笃信宗教的人的行为，就毫无疑问
是正确的。

191 有人说：我们既不应该因为感激而报答，也不
应该因为愤恨而惩罚。我们既不应该保护自己的不
能自立的孩子，也不应该赡养自己老弱多病的双亲。
所有对具体事物的爱都要从自己的心中扑灭，一种
伟大的爱应当取代其他一切爱，那就是对造物主的
爱。人们只渴望自己变成造物主所喜欢的人，渴望
用造物主的意志来指导自己的全部行动。他们认
为，我们不应该因为感恩之情而报答他人，我们不应
该因为仁爱之心而帮助他人，我们不应该因为爱国
而关注公共事务，也不应该因为博爱而慷慨。我们
行为的唯一原则和动机，不应该是内心情感，而是造
物主赋予我们的责任感。但实际上，基督教并不支
持这种说法，它的教义中并没有说，责任感应当是我
们行动的唯一原则。

192　如果一个受惠者,对施恩者本人没有丝毫的感激之情,他之所以报答那些帮助,仅仅是出于冷冰冰的责任感,那么,施恩者会认为他自己并没得到回报。一个丈夫如果发现他妻子温驯,仅仅是因为她顾虑到她身为人妻的身份义务,那他对最温驯的妻子也会有所不满。一个儿子即使竭尽孝道,然而,如果他缺乏对父母的感激和敬意,他的父母会抱怨他的不近人情。如果一个父亲,虽然机械地履行了父亲的所有义务,不过,却丝毫没有表现出对儿子的慈爱,他儿子也不可能对这样一个父亲满意。

193　在什么时候,我们的行动应该完全听命于责任感,或完全出自对一般准则的尊重? 在什么时候,其他的感情应该对我们的行动产生主要的影响? 应该这样认为,慈爱的感情可以和责任感一起发生作用。我们做出的优雅可敬的行为,最好一方面出自那些慈爱的情感本身,另一方面,也出自对一般行为准则的尊重。但是,我们施加惩罚时,更多的是由于施加

惩罚符合一般行为准则,而不是出于任何强烈的报复意向。

194 看到责任感被用来约束、减少那些慈爱的感情,而不是被用来激励、增加它们,以免我们做得太过分,令人觉得不愉快。我们会高兴地看到,一个父亲不得不抑制他对子女的溺爱,一个朋友不得不限制他自己天生的慷慨大方,一个受惠者不得不约束他自己心中的感激。

195 没有什么比一个这样的行为更为优雅了:他对自己受到的重大伤害感到怨恨,是因为他觉得它们应受怨恨,觉得它们是怨恨的适当对象,而不是因为他自己的不愉快的激情。他像一位公正的法官,在决定那个恶行应该受到怎样的惩罚时,他只依从于一般的规则。他在实施规则时,不让自己曾经承受的痛苦干扰自己,反而同情犯人的痛苦。即使在愤怒中,他也不会忘了慈悲,他以温和的方式实施那

规则,尽可能地给犯人仁慈和轻判。

196 吝啬鬼和节俭勤勉的人之间的差别就在这里:前者焦虑不安地关心财物,而且仅仅是为了那些财物;后者也很注意财物,不过,那只是由他的行为准则所决定的。一个唯利是图的商人,整天焦虑不安或不停盘算,只是为了赚取或节省一个先令,他就是一个吝啬鬼,一个庸俗的人。节俭勤勉的人不同,他的经济境况也许使他必须极端节省,非常勤勉。但是,每一次的节省与勤勉,不是由于对利润的考虑,而是出于他必须这样行事的一般行为准则。

197 一个人不去追求能促进私人利益的重要目标,就显得志气卑劣。我们瞧不起一个对征服或保卫领地一点儿也不焦急的君主。一个没有官职的绅士,在他可以不用卑劣的手段去获得一个比较重要的官职时不尽力而为,我们几乎不会对他表示尊重。一个国会议员,如果对他自己的选举一点也不热心,会

被他的朋友们视为不值得依恋而予以抛弃。甚至一个商人不去力争获得丰厚的利润,也会被他的邻居们看成是一个胆怯的家伙。勇气和热忱就是有事业心的人和无所作为的人之间的差别。

198 有关私人利益的重大目标——它们的得或失会极大地改变一个人的地位,成为被称作雄心的热情的对象。这种雄心如果不超过谨慎和正义的范围,就会受到众人广泛的钦佩。即使是不正义的和过分的雄心,有时也具有诡异的伟大特征,令人为之倾倒。人们崇拜英雄、征服者和政治家,因为他们的行动计划虽然不正义,但是非常有胆略。一个吝啬鬼对于半便士的狂热,不一定少于一个野心家征服一个王国的狂热,贪婪和雄心的差别仅仅在于它们的目标是否伟大。但人们就是不会钦佩一个吝啬鬼。

199 几乎所有有关美德的一般准则,都含糊不清,允许有很多例外。感激或许是最精确、最少例外的一般准则。感激意味着,我们得到多少帮助,我们就应当给出多少报答,如果有可能,还应当给出更多的回报。这似乎非常清楚,几乎不会有例外。然而,如果在你生病时有人照顾了你,你是不是应当在他生病时照顾他?假如你去照顾他,那么你应该照顾他到什么时候?是不是一定要和他照顾你的时间相同?作为回报,是否要照顾他更长的时间,那么应当长多少呢?当你贫困时,如果你的朋友借钱给你,你是不是应当在他贫困时借钱给他?你该借多少钱给他呢?借给他多久?显然,一般准则不可能在一切情况下都能对这些问题给予精确的回答。

200 但是,有一种美德,一般准则非常确切地规定它要求做出的行为,这种美德就是正义。正义准则规定得极为精确,没有例外和修改的余地。如果我欠某人十镑钱,正义要求我,在约定的时候,或是在他要求归还这笔钱的时候,如数归还。我应当做什么,我应当做多少,我应当在什么时候和什么地方做,所有行为的性质和细节,都已被规定和明确。过于固执地信奉有关谨慎或慷慨的一般准则可能是笨拙的和呆板的,但是,忠实地遵循正义准则却没有什么迂腐可言。相反,正义准则应当得到最神圣的尊重。

201 在实践其他美德时,引领我们如何行为的,与其说是对这些准则的尊重,不如说是希望行为合宜的想法,是对某一行为习惯的爱好。我们应当更多地考虑这一准则所要达到的目的和旨趣,而不是准则本身。但是,关于正义,却不是这样。正义准则精确明白。只有完整坚持正义规则的人,只有固执遵照正义规则的人,才是值得钦佩、可以信赖的人。

202 正义准则可以比作语法规则。有关其他美德的准则可以比作批评家们为衡量文学作品是否达到杰出水平而订立的规则,这种规则像是对文学作品

的完美提出设想,而不是提出确实可靠、不会出错的
指示,供我们用来达成完美。正义准则是一丝不苟
的、精确的、不可或缺的。有关其他美德的准则是不
严格的、含糊的、不明确的。一个人可以根据规则学
会完全按语法写作,不会出错。同样,人们可以学会
公正地行动。但是,文学评判准则虽然可以帮助我
们弄清楚什么是完美的文学作品,却没有哪种准则
能确实无误地引导我们写出杰出或优秀的文学作
品。同样,我们也无法仅仅根据其他美德的准则就
成为一个行为高尚的人。

203 美的一个主要来源是它的效用。一间房屋的
整齐对称会使观者觉得愉快,这间房屋的方便合用
也会起到同样的效果。假如有人发现一间房屋一点
也不方便易用,他会心里难过,就像他看到这个房屋
对应的窗户形状不同,或看到大门没开在房屋正中
间那样。同样的,只要能达到良好的效果,任何体系
或机器就会有一种合宜或美,我们一想到它就会觉

得愉快。

204　有的物品经常让它的主人觉得方便,从而使他
感到高兴。只要他看到这一物品,他就会产生愉悦
的感觉。这一物品就这样成为他满足和欢乐的源
泉。旁观者不仅理解,而且同情那个主人的欢乐情
感。当旁观者看到这一物品时,也会觉得愉快。参
观大人物的豪宅时,我们会情不自禁地想象,假如自
己是这座豪宅的主人,我们拥有这么多精妙奢侈的
设备,我们的生活该如何称心如意。同理可以解释,
为什么任何看起来不方便使用的物品,都会使它的
主人和旁观者感到不快。

205　一只每天慢两分多钟的表,会受到对表很在意
的人的轻视。他或许会以几个畿尼的价格把它卖出
去,而用五十个畿尼另买一只表,它在两个星期内误
差不超过一分钟。然而,表的唯一效用是告诉我们
现在是几点钟,以使我们不失约。但是,我们并没有

看到这个如此在意钟表机械的人比别人更加守时，也没有看到他比别人更想精确地知道每天的时间。吸引他的，不是掌握时间，而是掌握时间的机械的完美。任何工艺品的巧妙设计，竟然比它将要产生的那个目的更受重视。

206 有多少人因为沉溺在毫无效用的小玩意上而倾家荡产呢？这些爱好者喜欢的不是那些小玩意的效用，他们真正喜欢的是产生效用的机械的精妙。这些人所有的口袋都塞满各式各样的便利设备。他们不得不设计出新的口袋，以方便携带更多的小玩意。他们整天挂着大量小玩意散步。这些小玩意中有用的很少，在任何时候有没有它们都差不多，和它们的全部效用比起来，带着它们所付出的辛劳显然是不值得的。

207 一个穷人的孩子，当他开始观察四周时，他会羡慕富人的景况。他发现自家小屋里面的便利设备真是太少了,所以他梦想自己能舒舒服服地住在一座豪宅里。看到富人们几乎都坐在马车里,他不满足于自己徒步行走,或骑在马背上颠簸劳累,所以他幻想自己旅行的时候也能坐在舒适的马车里。他感到自己还是懒惰一点好,最好尽可能自己少动手照顾自己,并且断定,众多的仆役侍从可以为他省去许多麻烦。如果得到了梦想的一切,他就可以心满意足,开始享受这幸福和宁静的生活。

208 于是,这个孩子开始追逐财富和显贵的地位。为了获得富贵所带来的便利,他勤奋好强,埋头苦干,想要脱颖而出。然后,他巴结奉承所有的人,他为自己瞧不上的那些人效劳,逢迎他所鄙视的人。如果他在垂暮之年最终得到富贵,他就会发现,它们不比他已经放弃的卑微的安定和满足好多少。正是在这时候,他在生命只剩下最后的渣滓,他的身体受着病痛的折磨,回想自己当年所受的伤害和挫折,他的心里充满着羞辱和恼怒。最后他明白了:财富和地位其实毫无用处,就像那些没有效用的小玩意一样,它们不能使我们的身体安康,也不能使我们的心灵平静。财富和地位带给人的烦恼远多于它们提供的便利。

209 为什么旁观者怀着羡慕之情来看待富人和显贵的生活?旁观者并没有认为这些人一定享受到了超过常人的安逸和愉快,真正让旁观者羡慕的是,他们拥有无数奇妙的器物,这些物品可使人们安逸愉快。旁观者甚至不认为富人和显贵比别人更加幸福,但他们拥有更多得到幸福的工具。让旁观者羡慕的是正是这些工具,它们能精巧地达到预期的幸福目的。

210 权力和财富就像是一个大而无当的机械,它被设计出来,本来是为了身体上微不足道的便利。但是,这机械由精细和灵敏的发条构成,必须精心呵护才能保持它们的正常运转。即使我们再当心,它们也随时都会爆成碎片,并且使它的主人受到严重伤害。权力和财富也像是宏大的建筑物,需要花费一生的辛劳去建造,它们当然可以给住在里面的人带来便利,却不能保护他不受风雪的袭击。它们能遮挡夏天的骤雨,但无法抵挡冬天的风暴,它们使居住在里面的人时常感到担忧和恐惧,面临疾病、危险和死亡的威胁。

211　骄傲而吝啬的地主巡视着自己的大片土地,根本就没考虑自己同胞们有什么需要,他只想独吞土地上的一切收获物,这只是幻想。"眼睛大于肚子",这句谚语,用到他身上最为合适。他的胃容量,同他巨大的欲望不相适应,他的胃容纳的东西,未必比得上一个最普通的农民的胃能够容纳的东西多。他不得不把自己消费不了的食物,分给用最好的方法来烹制他本人所享用的食物的那些人;分给为他建造宫殿的那些人,他要在其中消费自己的那一小部分收成;分给为他提供和整理小玩意儿和小摆设的那

些人,他用这些来装点他的豪华生活气派。就这样,
所有这些人,由于他生活奢华和任性而分得生活必
需品。如果这些人期待他发善心,他们就别想得到
这些东西。

212 富人的天性是自私而贪婪的,他们只图自己方
便。但是,他们的消费量不比穷人多,所以他们只是
从大量产品中选用了最贵重和最心爱的东西。他们
雇人劳动,发展生产,只是为了满足自己没有止境的
欲望,但是他们终究还是同穷人一起分享生产改进
的成果。一只看不见的手引导他们对生活必需品做
出平均分配,从而不知不觉地增进了社会利益。当
神把土地分给少数地主时,他既没有忘记,也没有遗
弃其他人。社会所有阶层的人在身体的舒适和心灵
的平静上,都大体相当。国王们正在为国家安全而
战斗,这种安全,一个在路旁晒太阳的乞丐也享受
到了。

213 你要唤起一个似乎毫无斗志的人奋发向上吗？如果你向他描述富贵者如何幸福，他们不受日晒雨淋，吃得饱，穿得暖，很少感到无聊，这往往不会有什么效果。这种意味深长的告诫对他几乎不会发生作用。如果你想要成功地说服他，你应该向他描述的是富贵者的豪宅里的各种便利品和设备；你必须向他解释他们的整套马车设备的合宜之处；并向他说明他们的全部仆从的数量、级别及其不同分工。如果真有什么事情能激发他的斗志，这一切就是。当然，这些东西最终也只是使他们不受日晒雨淋，吃得饱，穿得暖，很少感到无聊而已。

214 我们怎么评判一种品质的美丑？有人认为，是它的效用，带来益处的品质是美的，带来坏处的品质就是丑的。我们为什么说审慎、公平、积极、坚定和朴素的品质是美的？因为这些品质预示着这个人和他同伴将会得到成功和幸福。拥有这些品质的心灵让人愉快，因而具有美。相反，如果一个人具有莽

撞、懒惰、懦弱和贪恋酒色的品质,则预示着这个人一事无成,所有同他共事的人也会遭遇不幸,拥有这种品质的心灵像有缺陷的笨拙的装置那样丑。

215 效用为什么会使人快乐? 有作家认为我们之所以赞同美德,在于我们觉得美德会带来好处和效用,产生了效用的美。他指出,任何品质,除非对本人或他人是有用的,否则就不会被视作美德,或受到赞许。而任何品质,除非是有害的,否则就不会被视作邪恶,或遭到非难。但是,我仍要断然地说,我们所以赞许或非难某种品质,根本的或主要的原因,绝不是在于看到它是有用的或有害的。我们赞赏美德,同赞赏设计良好的建筑物时所具有的情感并不相同。或者说,我们称赞一个人的理由不可能与称赞一个五斗柜的理由相同。

216 对个人来说,所有美德中最有用的是谨慎的美德。谨慎的美德包括两种品质。首先是优越的理智

和理解力,只有靠它,我们才能辨识出行为的长远后果,并且预见到行为带来的利与害;其次是自我控制,只有靠它,我们才能放弃快乐,忍受痛苦,为的就是将来更大的快乐或避免更大的痛苦。但谨慎的美德受到众人赞美与钦佩,并非仅因为它们的效用。

217 理智和理解力之所以受到赞同,是因为它们正义、正当和精确。而自我克制之所以受到赞许,既是因为它有用,也是因为它的合宜。所有人对在节俭、勤劳的行为中表现出来的自我克制的品质表示高度的尊重,虽然这些行为除了获得财富之外,没有指向其他目的。那个行动的人,为了获得重大而遥远的利益,不仅放弃了所有眼前的欢乐,而且忍受着肉体和心灵上巨大的劳累,他的自我克制必然博得我们的赞同。虽然他追求的是自己的利益和幸福,但也能够得到我们的认同。他的自我克制未必对我们有用,但他自我克制的情感和我们自己的情感之间存在着完美的一致性,因此,我们不仅赞同、钦佩他的

行为,还认为他的行为值得高度赞赏。

218 仁慈、公正、慷慨和热心公益都是对别人来说最有用的品质。慷慨和仁慈看起来接近,但却体现在不同的人身上。仁慈是属于女人的美德,而慷慨则是属于男人的美德。女人一般比男人温柔,但很少像男人那样慷慨。民法的立法者发现,"女性很少有重大的捐献行为"。仁慈的产生离不开旁观者对当事人敏锐的同情,仁慈就是,旁观者看到当事人的痛苦,为他感到悲伤;旁观者看到当事人受伤,替他觉得愤怒;旁观者看到当事人走运,为他感到高兴。即使是最仁慈的行为,它也不需要行动者自我牺牲、自我克制,这种行为需要的只不过是敏锐的同情。

219 但是,慷慨就不同了。我们所说的慷慨,是指我们先人后己,为了成全朋友的某一重大利益,牺牲我们自己的同样的重大利益。某个人放弃他一直追求的职位,只因他认为另一个人的贡献更有资格得

到该职位;某个人牺牲自己去保卫他的朋友,只因他认为朋友的生命更重要,这两种行为无关仁慈,也不是因为大公无私。他们在看待那些相互冲突的利益时,都不是秉持自己的观点,而是秉持在他人眼里看来是如何克己的观点。他们之所以牺牲自己的利益,是因为他们觉得旁观者希望他们如此,并且他们慷慨地听从了旁观者的见解。

220 如果一个年轻的军官牺牲自己的生命,是为了其君主的领土得到些微的扩大,那并不是因为在他看来,获得新的领土比保护自己的生命更值得追求。对他来说,自己生命的价值远远超过他的整个国家的价值。但是,当他比较这两个目标时,他不是用自己私人的眼光,而是用整个民族的眼光来看待它们。对整个民族来说,战争的胜利远重于个人的生命。当他从整个民族的角度思考时,他感到这个目标的价值,他觉得献出自己的鲜血是值得的。

221 布鲁图一世,由于他的儿子们阴谋反对罗马新兴的自由,而把他们判处死刑。布鲁图痛惜自己儿子们的死亡,这种心情应该比痛惜罗马更为深切。但是,他不是以一个父亲的身份,而是以一个罗马公民的身份来看待他们。作为一个罗马公民,他看到,即使是布鲁图的儿子,同罗马帝国微小的利益比较起来,也是微不足道的。在这种情况下,我们钦佩这种行为不是因为它的效用保护了罗马的自由,而是因为它是出乎人们意料的,从而是伟大、高尚和崇高的。当然,这些行动的效用增添了这些行动的美,并使我们更进一步地赞同它们。然而,这种效用产生的美,人们经过深思熟虑才能体会得到。一开始就使这些行为受到人们的欢迎的,绝不是效用。

222 一套衣服常常有固定搭配的装饰物。如果哪天这套衣服缺少一个小小的装饰物,人们就会觉得缺了一点什么,甚至只少了一粒腰扣,我们也会感到不习惯。如果这套衣服与那些装饰物的搭配比较合

宜,习惯就会增强我们合宜的感觉,而使它们的分离让人感到更不愉快。当人们习惯于用高尚的情趣来看待事物时,见到平庸或难看的东西只会使他更为难受。当有些不合宜的东西结合起来的时候,我们的不合宜感会因为习惯而减弱,甚至会消除。有些人习惯了不整洁和杂乱无序,已经不知道何为整洁和优雅了。有些家具或衣服的式样,对陌生人来说是可笑的,对习惯于它们的人们来说,并不会觉得不妥。

223 时尚不同于社会习惯,或者更确切地说,它是某种特殊的习惯。普通人身上穿的衣服,不会成为时尚,但是,那些有地位、有声望的人身上穿的衣服,却能成为时尚。在普通人看来,大人物举止优雅,平时威风凛凛,再加上他们通常穿着华贵,他们具有一种特殊的魅力。只要他们穿上某种衣服,在我们的想象中,这种衣服就会同优雅与豪华联系起来,虽然这种衣服本身无足轻重,但是因为这种联系,它似乎也成了优雅与豪华的东西。一旦大人物不再穿这种衣服,它的全部魅力就随之失去了,它现在仅仅穿在普通人身上,而且被认为很平庸。

224　服装的款式和家具的式样完全受社会习惯和时尚的支配,这一点全世界的人都承认。社会习惯和时尚经常改变,服装和家具的式样也随之不断改变。在五年前流行的式样,今天看起来,可能显得滑稽可笑。正因为此,人们很少用坚固耐久的材料来做衣服和家具。如果一件外套要花费了一年才能完成,哪怕它设计良好,它的款式也不可能成为时髦式样。相对于服装式样改变的速度,家具式样改变的速度要慢一些,因为家具往往更经久耐用。即便如此,每过五六年,家具式样通常也会更新换代。

225　一些巧手制作的工艺品比服装和家具持续的时间更长;一栋精心建造的房屋可以用上好几个世纪;一首动听的歌曲可以被连绵不断地传递几百年;

一首绝妙好诗可以流芳百世,所有这些东西的风格和品味可以流行好长时间。有人认为,习惯和时尚对艺术品中什么是美的判断没有很大的影响。这只是因为他们一生中没有经历艺术风格的重大转型。他们只要稍做整理就会发现,习惯和时尚对建筑、诗歌和音乐的风格也有着重大影响,同对衣服和家具一样。

226 例如,柱子的直径和柱头的高度有一定比例。多立克式柱头的高度相当于直径的八倍,爱奥尼亚式蜗形柱头的直径是柱高的九分之一,科林斯式叶形柱头的直径是柱高的十分之一,有什么理由能确定这样才是适当的呢?我们判断这些建筑方法是适当的,其实只能依据风俗和习惯。人们已经看惯了某个装饰物的特定比例,如果看到同一个装饰物以另一个完全不同的比例出现,他们会觉得不习惯。一旦人们习惯了建筑物的某一套规范,那么,想以其他一些同样适合的规范,甚至以更高雅和优美的规范去改动它们,都是荒唐可笑的。

227　在写作、音乐或建筑等各种艺术领域中,高明的艺术家会创立一种新的风尚,会改变已经定型的艺术形式。正如一件衣服,不管它怎么怪异,只要一个受人尊敬的大人物穿上它,就会使它受到大众的欢迎,成为人们羡慕和模仿的式样。一个声名卓著的大师会推广他个人的特色,并使他的新手法在他从事的艺术之中风行一时。

228　我们对自然对象的美的判断,也受到社会习惯和时尚的影响。博学的耶稣会会士比菲埃神父断定,每一种对象的美存在于它所属的那类物体所具有的最常见的形态和颜色之中。在人的外形中,哪种相貌是美的?一般人会认为是适中的相貌。例如,一个算得上漂亮的鼻子,就必须是在各种极端的鼻子中处于适中的地位,它既不能太长也不能太短,既不能太直也不能太弯。

229 人类体形与面貌的美丑,不同民族有不同看法。在非洲的几内亚,皮肤白皙的人会被认为是畸形,在那里,扁鼻子和厚嘴唇才是美。在中国,一位淑女如果有一双大脚,那她就会被看成是丑陋的。还有一些北美洲的野蛮民族,在小孩骨头还柔软时,把四块木板绑在小孩头颅的四周,让小孩的头被挤压成四方形。欧洲人看到这些习惯,觉得荒谬野蛮,有的传教士认为,这种社会习惯所以盛行,是因为那些民族比较愚蠢。但是,当欧洲人在指责那些未开化民族时,却不曾想过,在过去的一百年里,欧洲的淑女们拼命把她们自然漂亮的身躯挤压成四方形,直到这几年才停止。尽管大家都知道,这么做会带来身体的畸形与疾病,但流行所至,很难有人幸免。

230 我们不能相信,我们对外表美的感觉完全取决于习惯。任何形状的效用,如果能帮助人们达到自己的目的,它就会受到我们的欢迎,而这不受习惯的影响。但是我可以在以下程度上同意,任何事物的

外形,如果和我们已经习惯的样子差别太大,那它就不会有令人愉快的美。相反,任何事物的外形,如果它符合我们习惯的样子,那它终归不能算是太丑。

231 一个物体的外在形状,无论怎样荒谬奇怪,社会习惯都会使我们看得惯它,时尚都会使它变得受人欢迎。但是,在任何社会,对尼禄或克劳迪那样的所作所为,我们都不会习惯,它们也不会变成受人欢迎的时尚。尼禄将始终让人畏惧、憎恶,而克劳迪也将始终被人轻蔑和嘲笑。

232 当社会习惯与时尚和自然的是非原则相一致时,它们会提高我们道德情感的敏锐度,使我们更加厌恶邪恶的事物。那些在好的环境中被教育培养出来的人,在他们的师友身上习惯见到的,无非是公正、谦逊、仁慈、端正合宜。对于与这些美德相违背的行为,他们一定比常人更为愤慨。相反,如果一个人不幸在暴力、放荡、虚伪与不义的环境中长大,他

不知道这些不道德行为就应该受到惩罚。他自小就熟悉这些行为，他已经完全习惯了，他觉得这就是正常的为人处世之道，这就是必须采取的生存方式，这种习惯会妨碍他成为正直的人。

233 时尚有时会使行为不检受到好评，有时会使可敬的品质受到冷落。在查理二世时期，放荡不羁是一种时尚，被看做自由主义教育的成果。人们普遍认为，放荡不羁的人往往比较真诚、高尚、忠贞和宽宏大量，绅士就应该是放荡不羁的。另一方面，如果有人举止庄重，行为循规蹈矩，在当时的人看来，他们一点也不时尚。这些举止庄重的人被认为伪善、狡猾、欺骗和下流。浅薄的人只喜欢大人物，哪怕是大人物的恶习他们也喜欢，认为这属于高人一等的美德。相反，那些地位低下的人即便节约简朴、勤劳刻苦和遵守规则，在他们看来还是粗俗的和令人讨厌的。

234 看到一个老年人时,我们希望在他身上发现一些老年人的特征,历尽沧桑、年老多病使他显得庄重与镇静。而对于年轻人,我们期望他们表现出朝气蓬勃、腼腆与活泼的性格。当然,年轻人的轻浮和老年人的迟钝,都不招人喜欢。一般来说,年轻人有一点老年人的稳重,老年人有一点年轻人的朝气,会增加人们对他们的好感。然而,他们很容易具有太多属于对方的特征。老年人表现出冷漠与教条,或许会得到大家的谅解,但如果这些特征出现在年轻人身上,那么这个年轻人只会受到讥笑。在年轻人那里不算什么的轻率与虚荣,会使老年人被人鄙视。

235 一个没有任何公职在身的父亲,在失去他的独子时,可以表现出悲伤与柔弱而不致遭人非议。但是,同样失去独子,同样的悲伤与柔弱,如果出现在一位率领军队作战的将军身上,那就不可宽恕。其时,个人的光荣以及国家的安全,需要他投注大部分注意力。可见,个人行为的合宜性,所依凭的不是他

的情感适合他的哪一个身份,而是要适合所有身份。如果他全神贯注于其中一个身份,以致完全疏忽其余的身份,我们便不会赞许他的行为。

236 职业不同的人应该专注于不同的事物,所以,不同的激情必然属于不同职业的人。我们通常认为一位牧师应该专注于神圣的事业,他的心里应该充满了庄严肃穆的情绪,以致没有多余的空间去感受那些让人放荡与快活的无聊事物。一个军官往往喜欢不正经的世俗享乐与消遣,但牧师不会。所以,我们觉得,社会习惯要求某个职业具有某种行为举止,这里面其实自有一种合宜性。并且觉得,一个牧师如果具有庄重、严肃与远离一切尘嚣的简朴性格,那不会有其他性格更适合这个职业。

237 我们出于习惯,把快活、轻浮、活泼自由以及一定程度的放荡的性格,归属到职业军人身上去。但是,如果我们考虑到什么样的性情最适合于这种职业，或许我们容易断定：他们应该最严肃、最谨慎，因为他们经常面临着真实的死亡，他们应该比常人更多考虑到死亡及其后果。然而，如果静下心来体察，我们就会发现，职业军人必须克服对于死亡的恐惧，但这不是一件容易的事情。那些职业军人为了使自己忘掉对死亡的恐惧，他们选择忘掉自身的安全，不考虑自己正面临着死亡，转而及时行乐，这样是更有效的方法。

238 当一个军官，没有遭遇危险时，他往往会失去他的轻佻快活与浪荡轻率的性格。一个守卫城市的指挥官，通常和普通市民差不多，他们很少酗酒，他们谨慎而节俭。同样的，如果军人长时间处于和平时期，他们和小市民之间的性格差异，往往也会缩小。然而我们的想象习惯，把快活轻佻的性格和军人身份联系在一起，当我们看到某些军人不具备这种性格时，我们往往会瞧不起他们。我们讥笑某个神色拘谨的士兵，因为他根本不像他的同伴。不管是什么样的举止态度,只要我们习惯在某一职业中看到它,在我们的想象中,它就会和那个职业紧密地联系在一起。只要我们看到这种从业者,我们会期望他有相应的行为举止,如果他的行为不符合我们的联想,我们会觉得遗憾。

239 在文明国家中,主要培养的是与仁慈相关的各种美德,而对于自我克制的培养,则要少一些。在野蛮未开化的国家中,情况正好相反,自我克制的美德比仁慈的美德重要得多。在文明国度,人民幸福安宁,他们很少面临危险、饥饿与痛苦,他们既没有机会,也不必培养自我克制的美德。所以,心灵可以随意放松,并且尽情满足出乎本性的各种爱好。

240 在未开化的民族中,情况就不一样了。这里每一个人都要受到斯巴达式的培养,并且,为环境所迫,能经受各种艰难困苦。他时时刻刻处于危险之中,他经常挨饿,面临死亡。他生存的环境使他习惯于忍受,而且也教他不要被那危难困苦激起的情感打倒。他知道,他的同胞们不可能会对这种软弱的情感给予同情。在我们能够怜悯他人之前,我们自己必须享有一些轻松自在。如果我们自己的不幸使我们感到非常苦恼,我们就不会关心我们邻居的不幸。而所有的野蛮人都忙着应付自己的艰难生活,当然不会去关注他人的艰难生活。所以,哪怕一个野蛮人自己觉得很痛苦,他周围的人也绝不会同情他。

241 在一个所有人的地位和财产都平等的国家里,男女之间情投意合是结婚的唯一的原因,而且应该受到尊重与支持。然而,在北美洲的野蛮人国家里,父母决定所有的婚姻大事,而且,在这些国家里,如果一个青年男子私下对某个女子流露出爱情,或者不表现出对结婚问题的冷漠,那会让他一辈子抬不起头。在文明开放的时代,对爱情的向往往往会得到支持,但在野蛮人那里,对爱情的向往被看成是女子气的行为。甚至在结婚后，男女双方也不住在一起，他们各自继续住在自己的父亲家里，只能偷偷约会。

242　如果一个野蛮人被敌人抓住，将要被处以死刑，听到这个消息时，他不动声色，即使在遭受可怕的折磨之后也不悲叹哀号，除了对敌人表示轻蔑之外，他不会有其他反应。当敌人们把他吊在火上慢慢烤时，他还会嘲笑那些人。在他被灼烧几小时以后，为了延长他的不幸，行刑者会把他从火刑柱上放下来，暂停一下。在这段时间里，他故意谈论各种琐事或国家大事，似乎只对自己的处境不感兴趣。那些围观的野蛮人同样无动于衷，他们吸着烟草，谈论着消遣逗乐的话题，就是不会聊到他们眼前的景象，仿佛没有那回事似的。

243　欧洲大陆上最文明的两个国家，是法国和意大利。法国人和意大利人一旦遇到开心的事情，会流露出强烈的情绪,这种情绪往往使外国人感到惊讶,他们在自己相对严肃的国家里从未见过这样的热情,觉得难以理解。一个年轻的法国贵族如果没能加入某一个军团,会当着全体大臣的面哭泣起来。修道院院长达·波斯说过,一个意大利人被罚款二十先令,他的情绪就会非常强烈,简直比得上一个英国人被判死刑时的表现。在罗马最优雅的时代,西塞罗可以面对着整个元老院和全体公民尽情哭泣,而不感到丢脸。

244 一个习惯抒发各种自然感受的文明人变得坦率、豪爽和真诚。相反,野蛮人不得不抑制和隐藏自己的激情,时间长了,他们会变得虚伪。野蛮人不是没有激情,他是将激情隐匿在心里。哪怕他已经非常愤怒,他也压抑自己,不让人看出来,但是,当他终于抑制不住自己的愤怒时,他的报复会是恐怖的。到这种时候,细小的冒犯都会使他爆发。在北美有一些易动感情的女性,在受到母亲轻微的责备时,只会说一句"你不会再有一个女儿了",就去跳水自尽。在文明民族中,一个男人的激情通常都不会这样狂暴或猛烈。他们常常吵闹,但很少造成伤害。

245 在不同职业与不同生活状况中,习惯使我们赞许不同的行为方式,但习惯并非最重要的。不管是老年人还是青年人,不管是牧师还是官员,我们都期待他们的行为符合真理和正义。我们只在一些次要的方面,允许他们表现出不同的性格特征。不同的民族对同一种品质,要求的程度不同。然而,这种不同最坏的结果也只不过是,某种美德有时被放大,以致对其他一些美德有所损害。波兰人习惯的慷慨,也许略微破坏了节俭持家的美德,而荷兰人提倡的节俭,也许略微破坏了殷勤好客的美德。野蛮人性格中的刚毅,减少了他们身上的仁慈,文明民族的敏感仁慈,会减弱他们性格中的刚毅坚定。

246 在获得社会习惯认可而背离合宜标准的事项

中，最严重的，并不是在一般行为方式方面。在某些特殊习俗上，社会习惯的影响，可能对善良的道德造成严重的破坏。习惯可能把严重违反了道德的某种特殊行为，判定为合法的和无可责备的。例如，还有什么比杀害婴儿更野蛮的呢？婴儿弱小无助、天真无邪，他们逗人喜爱，甚至敌人都会对婴儿起怜爱之心。杀害婴儿，被认为是最残酷的行为。但是，整个古希腊甚至最文明的雅典人都允许遗弃新生婴儿。一旦父母处境困难，觉得这个婴儿不容易养大，就可以把他丢到野外，任由他饿死，或者被野兽吃掉，这种行为不会招致非议。

247 身体的保养和健康状况，是造物主建议每一个人首先关心的对象。饥饿和口渴时的欲望、快乐和痛苦、热和冷等令人愉快或不快的感觉，可以被认为是造物主在传达他的告诫，它指导人们应当选择什么和回避什么。每个人都是在童年时代从监护人那里得到最早的告诫。这种告诫主要教会他如何躲避

伤害。长大成人后,他很快就知道,小心和预见可以帮助人们满足欲望、趋乐避苦,使财产增加或保值。

248 谨慎的美德告诫我们要关心我们的健康、财富、地位和名誉,而这些是我们幸福和舒适的生活所离不开的对象。对它们的关心,是谨慎美德的合宜职责。

249 安全是谨慎这一美德的首要目标。没有多少人愿意拿自己的健康、财产、地位或名誉去冒险,人们宁愿小心守成而不愿积极进取,首先考虑的是保住自己已有的利益,然后才想得到其他的好处。一般人选择用安全的方法增加自己的财富:在自己的行业中拥有真才实学,刻苦勤勉地工作,节省各种费用,甚至一定程度的吝啬。

250 谨慎的人总是认真地学习,以了解他希望要了解的一切。虽然他的天资不可能总是很高,但是,他所掌握的总是真才实学。他不会像一个狡猾的骗子,用奸计来欺骗你;不会像一个自大的炫耀学问的人,用傲慢的气派来欺骗你;也不会像一个浅薄而又厚颜无耻的冒牌学者,用过分自信的断言来欺骗你。他并不夸示自己,他的谈吐纯朴而又谦虚,而且,他讨厌其他人一切胡吹乱扯的伎俩。

251 谨慎的人永远是真诚的。可是,虽然他总能保持诚实,但并非直言不讳。他只说真话,从不说谎,但他并不认为自己不管遇到什么情况都必须说出实情。谨慎的人行为小心翼翼,他讲话同样有所保留,从不鲁莽地或贸然地发表自己对任何人、事、物的看法。

252 谨慎的人总是不缺朋友。他的友情并不很炽热,却也不会转瞬即逝。他会选择几个经过多次考验的伙伴,建立起一种平静、稳固和真诚的友爱。在对朋友的选择中,引导他的,不是对他们闪耀成就的

轻率崇拜，而是对他们的谦逊、谨慎与善行的尊重。他虽然善于交际，但并不喜欢普通的应酬。他一般不和那些喜欢狂聊乱侃、胡吃海喝的社交团体打交道。因为这些社交团体的交往方式可能会妨害他节制的生活习惯，可能会打断他坚持不懈的勤勉工作。

253 谨慎的人谈吐未必很活泼或有趣，却绝不会傲慢地僭越任何人，并且愿意表现得比同辈们更谦逊。他的言谈举止，都严格遵守社会规则。在这方面，他立下的榜样，比一些才气与本领更了不起的人物立下的榜样好很多。这些人物，从苏格拉底和亚里斯迪布斯到斯威夫特博士和伏尔泰，从马其顿的菲利浦和亚历山大大帝到俄罗斯的彼得大帝，各个时代都有，他们经常以蔑视、鄙弃所有平常的生活与谈吐礼仪，来彰显他们自己的伟大，因此，给那些希望和他们相似的人，立下最有害的榜样，后者经常模仿他们的荒唐放荡，反而没有学到他们的任何优点。

254 谨慎的人不愿意大包大揽,承担自己职责范围之外的责任。他采取事不关己,高高挂起的态度;对别人的事情他从不干涉;在别人没有征询他的意见时,他决不会把自己的想法强加于人。他不会参加党派之间的争吵,厌恶拉帮结派。在被指名要求时,他不会拒绝为国效力,但他并不想借此进入政界。如果没有他的参与,国家也被管理得井井有条,他会感到更高兴。他在心灵深处更喜欢的是有保证的安定生活,喜欢没有干扰的乐趣。他不喜欢野心成功时可能得到的一切虚荣,甚至也不喜欢伟大的行动完成时所得到的真正踏实的光荣。

255 作为一种美德,谨慎如果仅用来教导个人取得健康、财富、地位和名声,它虽然不乏可爱,甚至还值得尊重,但是,它不能算是最高贵的美德。明智和审慎的行为,当它指向比个人利益更为伟大和高尚的目标时,也被称为谨慎。一个伟大将军拥有谨慎,一个伟大政治家也拥有谨慎,一个上层议员同样拥有

谨慎,在这些人身上,不只有谨慎一种美德,谨慎同英勇、善良、尊重正义结合在一起,成为更伟大的美德。这种高级的谨慎推行下去,直到最后时,它意味着一举一动都尽善尽美,达到了最高的智慧和最好的美德之间的结合。只有学院派和逍遥学派中那些哲人才拥有这种谨慎的美德,正像伊壁鸠鲁学派的哲人拥有低级的谨慎一样。

256 谨慎同其他美德一起,可以构成最高贵的人品,不谨慎同恶行一起,便成了最卑劣的品质。在 16 世纪的意大利,恺撒·布吉亚邀请四位小国君主,到塞涅卡格尼亚出席友谊大会,但是,当他们到达时,他把他们全部杀死。马基雅维里冷静地谈论这罪行:对恺撒·布吉亚犯罪的本领表示钦佩;对那四位受害者的愚笨和懦弱表示不屑;对他们的不幸横死,毫不怜悯;对谋杀者的残忍与虚伪,麻木不仁。人们经常赞扬伟大的征服者的残暴与狡诈,却总是蔑视强盗与杀人犯的残暴与狡诈。前一种行为,虽然它们更加邪恶有害,然而,当它们成功时,却往往被当做是英勇恢弘的丰功伟业。后一种行为,却总是被人们视为最低贱的愚蠢行为和罪行。

257　在公正的旁观者看来,人们对不义的企图或实际罪行会产生正当的愤恨。人们愤恨的动机,是行为本身违犯了有关正义的各种法律,这些法律被用来约束或惩罚违法行为。每个政府或国家殚精竭虑,尽其所能,运用社会力量来约束人民,使人民慑于社会力量的威力而不敢相互危害或破坏对方的幸福。为了这个目的而制定的这些规则,构成了政府或国家的民法和刑法。这些规则实际应该建立在哪些原则基础上,是由一门特别的学科——在所有的学科中最重要的——来研究。但遗憾的是,这门学科,也就是自然法学,很少得到研究和发展。

258　斯多亚学派的学者常说,天性将每个人首先和主要托付给他自己照顾。不管从哪一方面来看,一个人当然比他人更适合和更能关心自己。人们能够清晰地感受自己的快乐和痛苦,而对他人的快乐和痛苦的感受则不可能如此灵敏。前者基于自身原始的感觉,后者是基于同情衍生出来的印象。前者可以说是本体,后者可以说是影子。

259 仅次于每个人自己的,是每个人自己的家庭成员。那些通常和他住在同一所房子里的人,他的父母、他的孩子、他的兄弟姐妹,自然是他关心的对象。他比较习惯和他们产生同感共鸣。他比较知道他们有什么样的感受,他对他们的同情,比他对其他人的同情更为正确与贴切。家人之间也有差别,天性使人对孩子的感情超过对他父母的感情。这是合理的,孩子前途无可限量,值得期待,而一般来讲,我们能从老人那里期待得到什么呢? 在正常的情况下,老年人的寿终正寝并不让人感到十分痛惜,孩子的夭亡却几乎会使所有人感到心碎。

260 最初的友谊,是兄弟姐妹之间的友谊。当他们共处在一个家庭之中时,相互之间的情投意合,对这个家庭的安定和幸福来说是必要的。由于天性的智慧,同样的环境使他们不得不相互照应,使同情更为常见,因此他们彼此之间的同情更为强烈和明确。兄弟姐妹在各自分开成立他(她)们自己的家庭后,他(她)们的下一辈自然会被父母辈之间的友谊联系起来。然而,由于他们很少在同一个家庭中相处,他们之间的相互同情较为淡薄。至于那些堂、表兄弟姐妹的儿女们,由于联系更少,相互之间的重要性变得微不足道。总之,亲属关系越疏远,亲属之间的友情越淡漠。

261 所谓亲爱之情,实际上无非是习惯性的同情。亲属们通常处于会自然产生习惯性同情的环境之中,一般人会期望他们之间会产生相当程度的亲爱感。我们通常看到这种亲爱感确定存在,因而,我们必然期待它产生。因此,在任何场合,我们发现这种

亲爱感没有产生，就觉得震惊。由此确立了这样一条一般准则：有着亲属关系的人之间，总是应当有一定的感情。如果他们之间的感情不是这样，就一定不合宜。如果作为父母却对子女毫无温柔的情感，作为子女却没有孝敬父母的心，这些人会遭到人们的憎恨，甚至是极端厌恶。

262 一个父亲，对于那个从小就不同他生活在一起的孩子的喜爱程度容易减弱。这个父亲会爱那个孩子少一点，那个孩子对他父亲的孝敬之情也不会太多。他们之间鲜有自然产生的亲爱感，然而，由于他们尊重道德规则，他们之间会产生类似于亲爱感的情感。在他们没有团聚的时候，父亲最钟爱的儿子，就是这个远在异乡的儿子。然而，时间和经验恐怕会打破他们的幻想，在他们相处之后，由于没有共同生活在一起过，他们会发现，对方的性格、脾气和爱好，同自己想象的完全不同。即使他们现在还真诚地希望亲密无间地生活在一起，但这实际上已经不可能了。他们可能表面上客客气气,但是,他们很少充分享受到亲情交融的幸福。

263　你想不想把你的孩子们教育成孝敬父母,友爱兄弟姐妹的人？要使他们能够成为这样的人,你就应该在自己家中教育他们。他们可以去公共学校接受教育,但一定要住在父母家里。他们每天上学前要有礼貌跟自己父母道别,对你的敬重,会使他们的行为受到有益的约束。对他们的尊重,也会使你自己的行为受到有益的限制。如果让孩子住校,孩子从学校教育中得到的收获,不足以补偿由这种教育引起的损失。家庭教育是天然的教育方式,学校教育是一种人为的设置。哪一种教育更有智慧？答案是什么,大家自然知道。

264　在那些以畜牧业为主的国家里,法律不够健全,不足保障每一个人的安全。同一家族的成员通常选择聚居在一起,这种联合是为了必要的共同防御。家族所有的人,不管地位高低,都能派上用场。家族成员之间的和谐加强了这种相互照应,而他们的不和则会削弱,甚至可能破坏这种团结。他们彼此之间的交往频繁,家族中关系最远的成员也有来往。距今不远的年代里,在苏格兰高地,家族首领把自己部族中最穷的人当做是自己的堂表兄弟和亲戚,加以照顾。据说,在鞑靼人、阿拉伯人和土库曼人中,也有着对同族人的广泛关照。

265 在以商业为主的国家中,法律的力量足够强大,可以保护到所有国民。同一家族的成员,不需要聚居在一起相互保护,他们一定会为追逐利益或个人爱好而散居各地。他们不需要彼此关照。并且,经过几代以后,他们相互之间就不再来往,他们忘记了相互之间的血缘关系,也忘记了他们祖先之间曾经有过的亲情。在任何一个国家里,都有这种现象:随着文明的发展和法律的完善,人们对远方亲戚的关心也越来越淡薄。

266 所有国家里的显赫贵族们,都愿意承认相互之间的亲戚关系,不管他们的亲戚关系是多么的疏远。拥有显赫的亲戚,可以增添他们整个家族的荣耀。当然,这种家族记忆之所以被看重,不是因为家族感情,而是因为浅薄无聊的虚荣心。假如有一个身份卑微,但血缘关系或许较近的男亲戚,提醒这些贵族,他和这个贵族家庭存在着血缘关系,那么这些贵族大多会推诿说,自己不懂家族谱系,不了解自己家庭的历史。我们恐怕不可指望,所谓自然的亲情,在那种阶层的人物身上会有超出常情的扩展发达。

267 之所以存在"近朱者赤与近墨者黑"这两种效应,是因为我们都有一种包容与同化倾向,这种自然的倾向使我们深受那些长时间与我们共处的人的影响。如果一个人常和一些有智慧、有美德的人交往,虽然他本人没变成同样的人,至少也会尊敬智慧与美德。相反,如果一个人常和一些放荡堕落的人混在一起,就算他本人没变得放荡堕落,至少也变得不讨厌放荡堕落。

268　地位等级的区别,社会的安定和秩序,建立在我们对富裕而有权力的人怀有敬意的基础上。人类不幸的减轻和慰借,建立在我们怜悯贫穷的人的基础上。社会的安定和秩序,比不幸者痛苦的减轻更为重要。所以我们对大人物的尊敬,容易过分,我们对不幸者的同情,容易不足。道德家们痛惜人们总是愿成为有钱人和大人物,而不愿当智者和有美德者,劝告我们不要被显贵的光环所迷惑。其实天性做出了明智的决断:地位等级的区别,社会的安定和秩序,应当以门第和财产的差别为基础,因为它们清楚而明显;而不能以智慧和美德的差别为基础,因为它们不明显并且常常不确定。

269　我们对权贵人士自然怀有亲切偏爱之情,如果他除了权贵之外还拥有智慧与美德,这种感情将大大增强。假如有这样一位权贵,尽管他拥有智慧与美德，却陷入灾难，那么，对他的命运，我们会很关心，其程度肯定超过对一个有相同美德但身份地位比较卑微的人的命运的关心。在相当多的传奇故事中，善良又慷慨的国王或王子会遭遇各种磨难。如果他们运用智慧与勇气，最终摆脱了那些灾难，并且恢复了他们过去尊贵与安全的生活，我们肯定会毫不犹豫地替他们高兴，给他们赞美。我们被这些出身高贵又拥有美德的主人公吸引住了，为他们的痛苦感到悲伤，为他们的成功感到高兴。

270　伏尔泰的《中国孤儿》是一部动人的悲剧，看过这部悲剧的人，往往会赞美那个为了挽救唯一幸存的王室后裔，愿意牺牲自己孩子生命的人的高尚行为。同时，人们也会体谅伊达梅的母爱，她为了从蒙古人那里救回自己的孩子，不惜告发自己丈夫的重要秘密。可以看出，没有一个独断的准则来指导我们的行为。这些准则容易僵化，不能使我们适应不同的环境、品质和处境。就像《中国孤儿》里的人

物一样,具体在什么情况下,感恩之情应该优先于亲
情,还是亲情优先于感恩之情,这些判断只能由我们
心中的那个伟大判官与裁决者,那个存在于想象中
的公正的旁观者,来决定。

271　一般来讲,对我们来说,最重要的社会团体是
政府或国家。我们在国家中成长和受教育,并且在
国家保护下生活。于是,天性首先把国家托付给我
们照顾。我们自己是国家的一员,而且,我们关心和
热爱的所有人,包括我们的家人、亲朋和恩人,通常
都生活在一个国家中。国家的繁荣和安全保障了所
有人的幸福和安全。因此,我们热爱自己的国家,不
仅出自我们身上的自私感情,而且也出自我们身上
的仁慈感情。

272　每个国家都会涌现出一些杰出人物,如仁人志
士、政治家、诗人、哲学家、文学家等。我们在评价本
国历史上的杰出人物时(区别于当代的杰出人物,看

待当代人物时我们容易因嫉妒而低估），往往极尽赞
美之词，并且偏心地把他们排在最高的位置。我们
赞同而且佩服那些爱国者的行为，他们为了国家的
安全和荣誉而献出自己的生命。相反，那些出卖祖
国利益的叛国者，被人唾弃，永远得不到我们的
谅解。

273　由于热爱自己的祖国，任何一个邻国的繁荣和
强大，都会使人们心里充满猜疑和妒忌。每个国家
都担心自己将被一个不断扩张的邻国所征服。这种
民族歧视无疑是一个恶劣的习惯，但它常常来自于
热爱祖国的高尚想法。据说罗马的老加图只要在元
老院发表演说，不管演说的主题是什么，他最后总会
说一句："这同样是我的看法：迦太基应当被消灭。"
这句话是一个人爱国心的自然体现，但失之狭隘。
据说，西庇阿·纳西卡在他的所有演说结束时也会
说一句话："这也是我的看法：迦太基不应当被消
灭。"这句话表现出更为宽阔的胸襟和更开明的

心态。

274 法国和英国看到对方增强海军和陆军的实力，都有正当的理由感到害怕。但是，如果两国看到对方国内蒸蒸日上，比如土地不断改良，制造业越来越发达，商业持续兴旺，港口码头更加安全，所有文科和自然科学都在进步，也感到妒忌，那这无疑损害了两个伟大民族的尊严。国与国之间可以在这些方面展开恰当的竞争，而不应该存在偏见和妒忌。因为这些成就标志着我们这个世界真正的进步。人类的生活因这些进步而得益，人的天性因这些进步而高贵。在这些方面，每个国家不仅要努力超过邻国，而且应当促进邻国的进步。

275 每个主权国家都是由不同的阶层和社会团体构成的，每个阶层和社会团体根据它在国内的地位拥有不同的权力、特权和豁免权。它们之间的共同点是：所有的阶层和社会团体都离不开国家的保护。

再偏激的人也承认：各个社会阶层或等级都是国家的一个组成部分，只有依靠国家的存在和发展，它们才有安身立命之所。然而，如果哪一天，国家的存在和发展需要减少他那个阶层或社会团体的权力、特权和豁免权，他肯定不会答应。这种不顾全大局的偏向，可能是不合理的，但不是毫无用处。它保持了国内各个阶层和社会团体之间已经确立的平衡，它避免了权力的重新分配。它有时似乎阻碍了时髦的政治体制的变革，但它也促进了整个体制的巩固和稳定。

276　爱国者的热情，包含两条不同的原则：其一是，尊重那个事实上已经确立的政体或统治形态；其二是，真心希望尽自己所能使同胞过上安全、体面与幸福的生活。一个不尊重现行法律，也不服从行政长官的人，不是一个公民；而一个不愿意努力增进同胞福利的人，则不是一个好公民。在和平和安定的时期，这两条原则通常保持一致并导向同样的行为。

但是,在公众们对现行体制不满、政局发生动荡时,这两种不同的原则会引出不同的行为方式。在这种情况下,需要政治上的能人智士去判断:一个真正的爱国者在什么时候应当维护旧政治体制,什么时候应当推行危险的改革。

277 热心公益的人最好的表现场合,就是对外战争和国内派别斗争。在对外战争中为自己的祖国作出了重要贡献的人,成为全民族的英雄,受到所有人的感激和赞美。进行国内派别斗争的各党派的领袖们就不一样了,可能有一半同胞赞美他,但也有另一半同胞咒骂他。然而,获胜的党派领袖,如果他能够带领他自己的那一党派进行适当的妥协与节制,那么,他可以为他的国家做出巨大的贡献——重建国家政体。他可以从某一党派的领袖一跃而成整个国家的改革者与立法者,并且凭着他的聪明才智,建立起稳定的政治体制,使后代的同胞享受到安宁和幸福。如果他能成功,这一成就丝毫不逊于取得最伟大战

争的胜利和征服最广袤的领土。

278　在某种政体下,一个大帝国的臣民们已经连续好几个世纪享受着和平、安定甚至荣耀。在野党的领袖们,还是会提出好像有道理的改革计划,他们自称将消除目前被大家抱怨的种种不便与困苦,而且将永远杜绝它们。为此,他们提议改变政体。这个政党中的大部分成员,虽然他们对新体制毫无经验,却陶醉于新体制虚构的完美。对这些领袖本身来说,虽然他们的本意也许只想扩大自己的权势,但是他们中的许多人迟早会成为自己雄辩术的受骗者,同他们愚蠢的追随者一样,渴望这种宏伟的改革。即使这些政党领袖保持了清醒的头脑,没有盲从,他们也始终不敢使自己的追随者失望。他们不得不做出大家共同幻想的行动,虽然这种行动同自己的原则和良心相违背。

279　完全是由博爱与仁慈唤起爱国心的人,对于个人的既得权力与特权,会给予尊重,他更尊重那些主要阶级与团体的既得权力与特权。即使他觉得那些权力与特权被滥用了,他也将尽力调和那些滥权行为。当他无法以道理和劝说征服在人们心中的偏见时,他不会以暴力使他们屈服,而是会严格地遵守神圣的柏拉图箴言:绝不对他的国家使用暴力,就像绝不对他的父母使用暴力那样。如果不能全部推倒重来,他就会改正一部分错误;如果他没法建立起完美的法律体系,他会像梭伦那样,尽力在大家所能接受的范围内建立最好的法律体系。

280 政治家们容易自作聪明,他们常常以为自己设想的政治计划完美无缺。他不断推行这个计划,丝毫不考虑这个计划实施过程中社会成员的重大利益或强烈偏见可能使计划搁浅。他把社会中的各个成员看做一副棋盘中的棋子,能够让他随意摆布。他忘掉了一点:棋盘上的棋子没有自己的思想,只能按照他的行动原则。但是,在人类社会这个大棋盘上,

每个棋子,即社会成员都有自己的思想,他可能完全
不同意政治家选用的行动原则。如果这两种原则彼
此抵触,这盘棋就会很难下,而人类社会必然不得
安宁。

281 对于政治家来说,知道什么是尽善尽美的政策
与法律体制的理念,很可能是必要的。但如果政治
家一定要实现自己的政治理念,而且是迫不及待地
要实现,根本听不进反对的声音,那么这种做法是蛮
横无理的。这种政治家把自己的判断看成检验对错
的最高标准。他以为自己是所有国民中唯一的智
者,以为同胞们应该听命于他,而他根本不屑于考虑
同胞们的想法。因此,手握无限权力的君主们是最
危险的。他们的行事风格就是这样蛮横无理,他们
只相信自己的判断。他们无视柏拉图的神圣箴言,
并且认为他们能够随意改造国家,国家就是为他们
而设立的。

282 我们做出的、能产生实际效果的善行,往往范围有限,不能超出我们所在的国家,而我们的善意却没有界限,可以兼济茫茫宇宙中的所有生物。对任何有知觉的生物的幸福,我们衷心企盼,对他们的不幸,我们感到同情。而想到为非作歹的生命,则自然而然地会激起我们的憎恨。我们对它们的憎恨来自于我们普施万物的仁慈,因为仁慈,我们才对另外一些无辜的生命遭到迫害感到愤怒。

283 这种普施万物的善行,这种为了某个阶层、某个社团、某个社会或国家,甚至为了全世界更大的利益,而准备牺牲自己的个人私利和一切次要利益的行为,被看做是对造物主意志的高尚顺从,也并没有超出人类天性所能接受的范围。一些优秀的士兵,接到命令,前往必死的战场,也会愉快地出发。因为他们相信和热爱他们的将军。他们知道,如果不是为了整个战局,他们的将军不会这么做。他们甘愿为了国家、人民的幸福而牺牲自己。同样的,当遇到

重大的国家或者个人的灾难时，一个有理智的人都应当这样考虑：他自己、他的朋友们和同胞们不过是被神安排在这个凄惨的场所。他们之所以接到这样的命令，是因为这对整个世界的幸福来说是必要的。他们的责任是，不仅要甘心顺从这种指派，而且要尽力怀着愉快的心情来接受它。一个有理智的人，应当能够做一个优秀的军人时刻准备去做的事情。

284 如何管理宇宙这个巨大的系统，如何照顾所有有理智、有知觉的生物的幸福，不是人的职责，是神的职责。人的力量薄弱，理解范围狭隘，人被分派到一个比较相配的工作部门，那就是照料他自己的幸福，以及照料他的家人、他的朋友和他的国家的幸福。据说阿维迪乌斯·卡西乌斯曾经指责马卡斯·安东尼纳斯（《沉思录》作者）：在他忙于哲学推理，思考整个世界的繁荣昌盛时，他忽略了罗马帝国的繁荣昌盛。人们必须不使自己受到这样一种指责：忙于思考更高尚的事情，而忽略了尘世中的小事情。

爱默想的哲学家的最高尚的思考，也不能补偿他对现实轻微的责任的忽略。

285 古代的一些道德学家，把激情分成两种类型：第一，是那些哪怕抑制一会儿也需要花费巨大努力去自我控制的激情；第二，是那些想要抑制短暂的时间并不怎样困难，但是，却在不断地引诱我们的激情，这些激情在我们的一生中，常常会将我们引入歧途。恐惧和愤怒构成了第一种类型。对舒适、享乐、赞扬等的喜爱，构成了第二种类型。想要抑制强烈的恐惧和狂暴的愤怒，哪怕只是一小会儿，也非常困难。想要抑制对舒适、享乐、赞扬的喜爱，甚至抑制一段较短的时间，总是比较容易。但是，由于它们的诱惑是连续不断的，最后往往导致我们犯错。一些古代道德学家们认为，控制前一种激情，应该依靠意志坚定和刚毅。控制后一种感情，则离不开节制、庄重和谨慎。

286 如果有一个人处于危险、痛苦之中，接近死亡时，依然保持着同平时一样的镇定，并且一言一行都同最公正的旁观者的看法完全一致，他一定会获得由衷的敬佩。如果他的受难是因为他热爱自己的祖国和全人类，是为了争取自由和正义，那么，同情他遭受的苦难，憎恨迫害他的坏人，感谢他的善意，了解他的优点，所有这些感情都混合起来，转化成对他狂热的崇敬。历史上最受人敬仰的英雄都是如此。假如苏格拉底的敌人们让他安静地死在床上，那么，这位伟大的哲学家的名声恐怕不会像今天这样光芒万丈。

287 雅典的狄摩西尼痛骂马其顿国王的演说，西塞罗控告喀提林党徒的演说，它们之所以被认为是高尚的，是因为它们是适当地表达愤怒激情的行为。这种正当的愤怒，是抑制了的愤怒，是被约束至公正的旁观者所能同情的程度。一旦愤怒超过了这个界限，就会令人厌恶。然而，对愤怒的抑制，并不总是光彩夺目。恐惧是愤怒的对立面,也常常会抑制愤怒。有的人为了掩盖恐惧,就反过来纵容愤怒,以显示胆量。爱好虚荣的人,在不敢反对他们的人中间,常常装出一副激昂慷慨的样子,并且自以为显示出了所谓气魄。恶棍也会编造许多自己如何蛮横无理的谎言,并且想象在听众心中自己因此会成为一个很可怕的人。

288 对愤怒和恐惧的抑制,是一种伟大的自制。当它出于正义和仁慈的动机时,是伟大的美德;而当它出于相反的动机时,则是一种危险的欺骗。心计很深的欺骗经常出现在乱世之中,出现在城头变换大王旗的时候。在这种时候,法律被随意践踏,无辜的人得不到起码的安全,为了自保,大部分人在当时胜利的政党面前,不得不随机应变,表面上装出顺从的样子。这种对愤怒和恐惧的抑制,虽然虚伪,也需要冷静的态度和决然的勇气。有些人遇到重大挑衅时,看起来不动声色,暗地里却下了残忍的复仇决心。这种对愤怒和恐惧的抑制，虽然常常受到称赞，却可能会是十分危险的力量。

289 愤怒、怨恨和仇恨等情感之所以对人类社会有巨大的破坏作用，是由于它的情感是过分的，虽然当它们不足时，偶尔也会造成问题。还有另一种情感，在其流于过分和方向不适当时，也会变得可憎，那就是嫉妒。嫉妒是怀着恶意的反感看待他人取得当之无愧的优越地位。然而，某个人，如果在重要的事情上温顺地容忍很一般的人超越他，那么，他便活该被指斥为没有骨气。有人之所以会性情软弱，有时候是由于懒惰，有时候是由于不喜欢抗争，有时候则是由于糊涂的宽宏大度，当事人误以为他永远能够藐视那种利益，而不屑于竞争。然而，随着这种软弱而来的，通常是很深的遗憾与后悔，他发现自己其实看重那种利益。而当初的宽宏大度，却演变成嫉妒，当事人心里充满憎恨，憎恨他人比自己优越。所以，为了在这世界上舒服地生活，那么，我们就得在所有场合保卫我们的尊严与地位,这和保卫我们的生命或我们的财富一样是有必要的。

290 当我们受到伤害时,我们通常会感受到强烈的痛苦和不幸,但有的人这种感受非常微弱。如果一个人对自己的不幸都没有什么感受,更不要指望他同情他人的不幸,并且因此采取行动。美德起源于关注,人们应当关注灾难给自己带来的全部痛苦,应当关注伤害自己的那个行为有多么卑劣,应当关注自己心中的尊严。受到伤害时决不能懒散、等待,而是按照自己良心所许可的程度来奋起反击,只有这样的自我控制,才配得上旁观者的热爱、尊敬和钦佩。

291 在所有需要创造性的艺术领域之中,最伟大的艺术家发现,他自己最得意的作品中总有一些不尽如人意的地方,他清楚地认识到,这些作品同他观念中的完美作品相比,存在着很大的差距。他会尽其

所能地模仿完美作品,但是他不能指望模仿得一模
一样。只有次等的艺术家才会满足于自己的成就,
因为他头脑中几乎没有完美的概念。伟大的法国诗
人布洛瓦常常说,不会有哪个伟大的艺术家完全满
意于自己的作品。他的朋友桑德伊是一位拉丁韵文
作家,只因为有些作品具有小学生的水平,就自称为
诗人。桑德伊向布洛瓦表示,他对自己的作品总是
完全满意。布洛瓦用开玩笑的口气回答他说,他肯
定是有史以来唯一有这种感觉的伟人。

292 品德的培养也是如此。具有智慧和美德的人
把他的主要注意力集中于完全合宜和尽善尽美的观
念。他尽可能地使自己的行为符合完美的观念。不
管他是健康的还是生病的,也不管他是成功的还是
失败的,他都不会让自己失去理性。他遇到突然的
袭击也决不会害怕,受到不公正的对待也决不会不
择手段,见到激烈的派系斗争也决不会惊慌,看到战
争的危险也决不会胆寒。

293 有的人以平常程度的优良品质为标准,来评价自己的优点。他们真实和正确地感到自己的所作所为大大超过了这条标准,这一点也为旁观者所承认。他们的注意力集中在平常的标准而非存在于观念中的完美标准。他们因此很少意识到自己的缺点和不足。他们用极端的自我赏识、极端的自以为是迷惑了民众,民众非常容易被各种自我吹嘘所欺骗。而且,当这些自我吹嘘为某种真实的优点所维护时,当它们因为夸示卖弄而变得炫耀夺目时,当它们得到拥有巨大权力的人物的支持时,即使清醒的人也常常沉湎于众口称赞之中,都乐于表示对自己的钦佩。但说到底,这些人不过稍好于平常程度而已。

294 在这世上获得伟大的成功,取得伟大的权威的那些人,很少不会过分妄自尊大。这种妄自尊大常常会使他们陷入一种接近疯狂愚蠢的状态。据说亚历山大大帝希望别人把他当做神,而且到后来自己也认为自己是神。在他临终前,这是他最不像神的时候,他告诉他的朋友们,他自己应该被列入一份可敬的神的名单中,他的老母亲奥林匹亚或许也应该名列其中。恺撒自认为是女神维纳斯家族中的一员,维纳斯被他说成是自己的曾祖母。而且,就在维纳斯的神殿前,当罗马元老院的全体成员把一些非凡的荣誉授予他的时候,他傲慢地坐在座位上接受它们。恺撒的目空一切增加了公众的疑虑,那些刺客越发大胆起来,加速筹划他们刺杀恺撒的阴谋。

295 一般人都会钦佩成功人士,尊敬权贵,正是这种心理导致了阶级差别,确立了社会秩序。这种对成功者的钦佩,也许是人类的一个弱点,但也不是毫无用处。它使我们更愿意顺从那些指挥我们的优胜者,使我们更平静地接受我们再也无法抵抗的暴力。这种暴力可能来自于像恺撒或亚历山大大帝那样伟大的人物。面对着这些武力强大的征服者,绝大部分的老百姓只知道用钦佩的目光仰望他们。当然,这种钦佩既盲目又愚蠢,但它却使他们更安心地接受强加在他们身上的统治,接受他们无可奈何的统治。

296　一个真正的智者,如果听到有成千上万人对他进行热情却盲目的颂扬,不一定会感到愉快。他会更加看重另外一个真正了解他的智者对他进行的评价。巴门尼德就属于这样的一个智者。有一次,他在雅典的一个群众集会上宣读一篇哲学讲稿,看到几乎所有的听众都离开了,只有柏拉图一个人在听,他仍然继续宣读他的讲稿,并且说,只要有柏拉图一个听众,他就满意了。

297　有些人自视甚高,偏偏他身边那些贤明的朋友,很少称赞他,他会因此怀疑这些人的忠诚,他会赶走这些人,甚至用冷酷而不公正的手段对待他们。亚历山大大帝的父亲菲利普提到手下大将帕尔梅尼奥时说,他不像雅典人那样幸运,每年都能找到十个将军,他自己只有一个帕尔梅尼奥。因为信任帕尔梅尼奥,菲利普在任何时候都可以高枕无忧。他在宴饮时常常说:让我们干杯吧,朋友们,我们可以开怀畅饮,因为帕尔梅尼奥从来不喝酒。据说,亚历山大大帝赢得的一切胜利,离不开帕尔梅尼奥的运筹帷幄。但最后,亚历山大大帝因为对帕尔梅尼奥产生毫无根据的猜疑而谋杀了他和他的儿子。而亚历山大大帝宠幸的一些只知道溜须拍马的小人,在他死之后,分掉了他的帝国,将他的家人全部杀害。

298 骄傲的人是对自我评价过高的人,却也是诚实的人。他由衷地确信自己身上的长处,虽然我们并不知道这种确信以什么为基础。他向你提出尊重他的要求,只是因为他认为这是正当的要求。如果你对他的尊重达不到他希望的程度,他就会认为你侮辱了他,并且感到愤愤不平。但是,就算你这样对待他,他也不会屈尊求得你的尊敬。他还摆出一副高高在上的样子,假装不在乎你的态度。

299 爱好虚荣的人并不是诚实的人,他在自己的心灵深处并不确信自己的长处。他抓住一切机会,不必要地显示他所具有的才能,有时甚至通过虚伪地夸示他不具备的才能,来展示自己。他很在乎你是不是敬重他,而且他会用实际行动来博取你的敬重。他有时候奉承你,是为了你反过来奉承他;他有时候对你彬彬有礼,是为了取悦你;他有时候向你提供你未必需要的帮助,是为了夸耀自己,使你对他有一个好的看法。一般人都尊重权贵,虚荣的人未必是权贵,但他也希望得到这种尊重。为此,他刻意选择他的服饰、交通工具、生活方式,全在显示他拥有比他的实际更尊贵的身份,显示他拥有比他的实际更大的财富。

300 骄傲的人在和那些同等地位的人们打交道时,总是感到不自在。如果遇到地位比自己高的人,他更感到难过,这些地位比他高的同伴使他相形见绌,因而他不敢放肆地说出他的志向。他很少去拜访身

份地位高于他的人,而如果他去的话,那主要也是为了证明他有资格和这种人交往,而不是因为和他们在一起他可以享受到什么满足。克拉雷敦勋爵曾经说起自己和阿伦德尔伯爵的不同:他自己有时候到宫廷里去,因为只有在那里他才能发现比他自己更伟大的人;但是,阿伦德尔伯爵很却少去,因为他在那里发现了比他自己更伟大的人。

301 而爱好虚荣的人总是努力同地位比他高的人相处。他经常出现在君主们的宫廷和权臣们的府邸,装出一副马上就要升官发财的样子。一旦有权贵邀请他参加宴会,他就会高兴地向别人吹嘘自己和这些权贵关系多好。他尽可能结交那些上流社会的人,那些能够左右公众舆论的人,那些学识渊博、深得民心的人。反之,哪怕他最好的朋友被舆论贬低,他也不会帮他说话,而是尽可能撇清和他的关系。看到有人能够提高自己的名望,爱好虚荣的人马上就会采用这样的方式巴结讨好他,如毫无必要的夸大，无根据的自我炫耀，持续的盲从附和，习惯性的溜须拍马。他尽量不让这种讨好太过明显，惹人厌恶。但即便这样，骄傲的人也从来不屑于奉承讨好他人。

302　骄傲有时是有赞美的意味，我们常常说，某个人过于骄傲，不容许自己做任何卑鄙的事情，也正因此，骄傲的人对自己很满意。一个感到自己趋于完美的人必然蔑视一切改善，骄傲的人通常认为自己的品质不需要进一步提高。从青年直到暮年，他的自满始终伴随着他。

303　爱好虚荣的人就不这样。虚荣心可以看做一种渴望得到他人尊敬和钦佩的欲望，是一种对名副其实的光荣的热爱。这种激情包含着进取之心，而缺点在于企图在时机未到时，过早地僭取今后可能取得的光荣。所以，成功的教育就是把虚荣心引导到正确的轨道上去。教育者绝不能容忍被教育者因为取得一些琐碎的成就而洋洋得意。但是，在被教育者自称拥有重要的成就时，也不要老是泼他冷水。如果他不是热切地想拥有这些才艺，他就不会自称拥有它们。教育者要鼓励这种欲望，提供一切手段以促使他获得真正的才艺。即使他在功夫尚未到家时装出一副高手的样子，也不要对此过于生气。

304　因为我们不喜欢骄傲的人和爱好虚荣的人，我们经常过低地评价他们的品质。然而，除非我们被激怒，我们不太敢随便得罪他们。为了让我们自己过得好一点，我们一般都选择息事宁人，对他们的愚蠢行为不加干涉。但是，对于那些自己给自己过低评价的人，除非我们具有更强的识别能力和慷慨的气量，否则我们会不公平地对待他，而且经常比他自己做得更过头。比起骄傲的人和爱好虚荣的人，低估自己的人更容易受到别人的忽视和虐待，心情也会更糟糕。总之，不管对当事人还是对旁观者来说，过于骄傲和虚荣都比过于谦逊更好。

305 由于关心自己的幸福,我们会具备谨慎的美德;由于关心别人的幸福,我们会具备正义和仁慈的美德。谨慎的美德告诉我们不该做什么,以免自己和他人受到伤害;正义和仁慈的美德告诉我们该做什么,以促进自己和他人的幸福。谨慎的美德最初源自于我们对自己的爱心,而正义和仁慈的美德最初源自于我们对他人的爱心,然而,正是因为同情他人的情感,我们开始拥有并实践这三种美德。一个人如果在他整个一生中,始终践行着谨慎、正义和适当的仁慈,那么他之所以这么做,肯定是出于对那个想象中的公正的旁观者、自己心中的那个伟大居住者、判断自己行为的那个伟大的法官和仲裁者的情感的尊重。

306 自我控制的美德在大多数场合主要是由一种原则向我们提出来的要求,这种原则就是合宜感,就是对想象中的这个公正的旁观者的情感的尊重。没有这种顾虑与尊重,每一种激情,在大多数场合,肯

定会只顾自我满足。确实,在有些场合,抑制这些激情的,不是感到这些激情不合宜的意识,而是对激情造成恶果的谨慎考虑。如果是这样,这些激情虽然暂时被压制住了,但并没有完全消除,那些难以驾驭的激情常常深藏在心中。一个人可能因为恐惧而抑制住自己的愤怒感情,但这种愤怒仍旧存在,等到他觉得安全了,他会更猛烈地发泄愤怒。但是,如果他向同伴诉说曾经受到的伤害,而他的同伴以有节制的情感来同情他受到的伤害时,他的愤怒多少得到了平息,并采用他同伴看待这种伤害时会采用的节制而公正的眼光来看待它。这样,他的愤怒不仅被抑制,而且被真正地克服了。

307 人们探寻道德原则的过程,主要沿着两个问题分别展开。第一,美德是什么? 或者说,我们会赞扬哪种性格和哪种行为,认为它就是美德,就是美好的品质? 有的人认为美德存在于仁慈之中,有的人认为美德就是明智谨慎地追求幸福,还有的人认为美

德就是合宜；第二，我们用什么方法，或者说，靠什么认识美德？我们内心的哪一种力量和功能，使我们喜欢某种行为的意向，并认为它是对的？我们又凭什么认为某种行为中的意向是值得赞同和报答的，而另一种行为意向是值得责备和惩罚的？有人认为我们是靠理性认识美德，也有人认为我们靠自爱之心认识美德。

308　在柏拉图的理论中，灵魂被认为像一个城邦那样，由三种不同的功能或阶级所构成。第一种是判断的功能，这种功能首先决定用什么手段才能达到自己的目的，而且也决定什么才是值得追求的目的，以及我们应该如何排列各种目的的先后顺序。柏拉图把这种功能称作理性，并且认为它就是整个心灵的统治者。灵魂的另两个阶级是各种不同的热情和欲望，它们虽然是理性这一统治阶级的子民，却时常反叛它们的主人。柏拉图把各种不同的热情和欲望归纳成两种类型：属于第一种类型的热情，根源于灵魂中易怒的一面,像骄傲与愤怒,包括野心,憎恨,爱荣誉,怕丢脸,渴望胜利、优越与复仇;属于第二种类型的热情,根源于对享乐的爱好,它包括身体上的欲望,喜爱舒适和安全以及所有肉体欲望的满足感。

309　按照柏拉图的说法,美德的本质在于正义,即内心世界处于这种精神状态:灵魂中的每种功能都在自己正当的范围之内活动,不侵犯别种功能的活动范围,以自己应有的力度和强度来履行各自正当的职责。

310　根据亚里士多德的看法,美德存在于依靠正确理性所养成的、中庸的习性之中。照他的意思,每一种美德都处于两种相反的邪恶的正中央。这两种相反的邪恶中,一种因为过分,另一种因为不足而让人感到不快。譬如,勇敢的美德处在怯懦与冒昧鲁莽这两种相反的邪恶的正中间,怯懦错在过分重视可怕的事物,而冒昧鲁莽则是错在太轻视可怕的事物。

又譬如,节俭的美德处在贪婪与浪费这两种相反的邪恶的正中间,贪婪错在对自身利益的注意超过适当的程度,而浪费则错在对自身利益的注意低于适当的程度。同样的,宽宏大度的美德也位于傲慢自大的过分与优柔胆怯的不足的正中间。傲慢自大意味着我们对于自己的身份和尊严有过于强烈的情感,优柔胆怯则相反。

311 因为偶然激发的慷慨情绪而帮助别人,这无疑是一个慷慨的行动,但实施这个行动的人未必是一个慷慨的人,因为这个行动可能是他难得的慷慨行动。这个人之所以帮助别人,可能是因为他今天心情愉快,这种行为是来自于心血来潮,不是来自于他性格中稳定和持久的情绪,所以我们不能因为这一次行为就高度赞扬他。如果我们说某个人是一个善良的人,他具有善良的品质,我们的意思是,那个人身上有常见的并形成习惯的善良性情。而一种个别的行动,未必是一种习惯。如果某个人偶尔做了一件好事,我们就因此认定这个人身上具有某种美德,那么,品质最卑劣的人也认为自己具备一切美德。

312 按照斯多亚学派的创始人芝诺的看法,每个动物都有照顾自己的天性,并且有一种自爱之心。这种感情不仅会维护它的生存,而且会让它的整个身心保持在最好、最完美的状态。这样,身体的健康、强壮、灵活和舒适,以及身外各种能够增进这些状况的事物,包括财产、权力、荣誉、同我们相处的人们的尊重和敬意,这一切被作为应当选择的东西介绍给我们,而拥有这些总比缺乏它们好。另一方面,身体上的疾病、虚弱、不灵巧和痛苦,以及身外各种倾向带来这些状况的事物,包括贫困、没有权力、同我们相处的人们的轻视和憎恨,这一切同样作为应当躲开和回避的东西介绍给我们。

313 人怎样才能保持在最好的状态? 天性告诉我们该如何取舍。健康和强壮相比,取健康;强壮和敏

捷相比,取强壮;名声和权力相比,取名声;权力和财富相比,取权力。同样,身体上的疾病同不灵巧相比,更应被避免;耻辱同贫穷相比,更应被避免;贫穷同丧失权力相比,更应被避免。什么是美德？什么是合宜的行为？就存在于如何选择和抛弃它们之中,当我们不能获得全部好处时,选取那些最应该选择的;当我们不能避免所有弊害时,选取最不该避免的。据斯多亚派学者说,天下万事万物的价值已经排好了,我们要做的,就是根据每个事物价值的大小,去做出正确的选择,从而使每个事物得到应有的、恰当的重视。这就是斯多亚派学者提倡的顺从自然的生活,即按照自然给我们的行为规定的那些法则和指令去生活。

314 当我们个人的幸福同整体或大部分人的幸福不能两全时,个人的幸福便应服从于整体的幸福。斯多亚学派认为,整个世界都是仁慈的神所安排的,所以一切发生的,即使是暂时降临到我们身上的不

幸,都有助于整体的幸福和完美。爱比克泰德认为:
只考虑"脚"的独立的天性,它应该一直保持干净。
但是,一只脚也是身体的一部分,那么,它有时候就
得踩入污泥中,有时候就得踏在荆棘上,有时候甚至
为了挽救整个身体而被割掉。如果它拒绝这么做,
它就不再是一只脚。我们对我们自己也应该这么
看。你是什么?如果你自认为是一个独立的人,那
么,长寿、富有与健康就是符合你的天性的。但是,
如果你自认为是整体的一部分,那么,为了那个整
体,你有时候应该生病,有时候生活艰难,你甚至会
在天年来到之前死去。你抱怨?那你就不再是一
个人!

315 爱比克泰德说:"如果我要去航海,我就按照神
的原则——谨慎和合宜的原则去做。我会选择最好
的船和最好的舵手,我会等待最好的天气。如果遇
到了一场特大风暴,再好的船只和再高明的舵手都
无法抵御,我也就不会为后果担心了。我已经按照

神的指示，把该做的所有事情都做了。神从来没有指示我，要我痛苦、焦虑、沮丧或恐惧。至于最后，我们是淹死在海里，还是安全到达港口，这是由朱庇特决定的事，不是我的事。我不会心神不宁地去猜测朱庇特的决定，只是怀着无所谓和平静的心情，去接受任何结果。"

316 　在斯多亚学派的学者看来，人生就是一场讲究技巧的游戏比赛，当然，游戏结果会受运气的影响。这场游戏的重点，不是取得胜利，而是参与者体会到游戏的乐趣，全部乐趣就在于玩得好、玩得公正和玩得有技巧。如果一个聪明的游戏者尽管发挥了全部技巧，但在运气的作用下，还是输了，他应该感到高兴，而不是难过。因为在整个游戏中，他既没有犯错，也没有违反游戏规则，他完全享受了游戏的乐趣。如果有人觉得，只有赢得游戏才能获得幸福，那他就把自己的幸福交给了运气。这个人必然活在无穷无尽的担心和牵挂之中，并且时常受到失望和屈

辱的打击。

317 古代各哲学派别有一种共同的看法，即认为，在某些场合，自愿舍弃生命是有某种合宜性的。但提倡自杀的原则，即提倡用毁灭自己的方法去逃避不幸的原则，似乎完全是哲学上的凭空发挥。健全和良好的天性肯定是积极向上的，从来不鼓励我们自杀。天性鼓励我们去做的，是尽力保卫自己，避免痛苦，当然，在保卫自己的过程中，我们有时候要冒生命危险，甚至会失败，面临一定会死亡的境地。但是，只要我们还没有死去，没有哪个自然的原则，没有哪个公正的旁观者，会要求我们用自杀的方法去逃避不幸。只有那些懦弱的人，意识到自己无力以勇气和坚毅去忍受不幸，才可能采取这样决绝的解脱。

318 斯多亚派哲学把卓越的沉思看成是人生伟大的事业和工作。这种哲学教导我们，除了保持我们

自己的心情平静，以及我们自己的取舍合宜之外，不要认真焦急地看待任何事情。斯多亚派哲学要求我们采取漠不关心的态度，要我们根除我们个人的感情，不要同情任何的不幸。它努力要使我们变得完全不关心和我们切身相关事情的成败。但是，天性指示我们，我们生命中的适当职务，其实正是处理这种切身的事情，至于这种卓越的沉思，不过是作为我们不幸时的慰借而已。

319 伊壁鸠鲁关于美德看法的起点，是一条不证自明的公理，人们都是趋乐避苦的。当然，人们有时候会避开快乐，这并非因为他们不喜欢快乐，而是因为，现在享受了这种快乐，他们以后会失去更多的快乐，或者会遭受痛苦。同样，人们有时候也会选择痛苦，然而，这并非因为人们追求痛苦，而是因为，现在忍受了这种痛苦，以后我们可以避免更大的痛苦，或者获得更大的快乐。据他说，无论什么东西成为渴望或回避的对象，都是因为它会产生快乐和痛苦的

感觉。荣誉之所以值得重视，是因为人们的尊敬和爱戴使我们愉快。相反，坏的名声之所以是回避的对象，是因为人们的敌意、轻视和愤恨会破坏一切安全感，并且必然使得我们受到肉体上的苦痛。

320 在伊壁鸠鲁看来，心灵的快乐与痛苦，高于身体的快乐与痛苦。身体的快乐和痛苦，只限于目前这一刻的感觉，而心灵的感觉要宽泛得多，它还包含过去的和未来的感觉。因此，比起身体的快乐和痛苦，心灵承受的快乐和痛苦更多，也更丰富。伊壁鸠鲁说，如果我们注意，就会发现：当我们的身体感受到痛苦时，最让我们难受的，不是眼前的折磨，而是我们总会回想起过去的痛苦，或者联想到将来的痛苦。腿断了会很痛，比起断腿的疼痛，断腿以后的生活更让我们痛苦。同样，即便我们的身体感受到了巨大的痛苦，只要我们调整心理，回顾过去的快乐，期望将来的快乐，我们仍然可以享受一份好心情。

321 很多人认为,心灵最大的痛苦,就是死亡的存在。伊壁鸠鲁认为,死亡不是一件坏事。死亡会终止人的所有感觉,不管是痛苦还是快乐,因此,死亡是中性的。他说,当我们活着时,死亡便不存在;而当死亡存在时,我们便不再活着,因此,死亡对我们来说算不了什么。

322 伊壁鸠鲁认为,一切美德之所以值得追求,并不是因为它们本身的原因,而是因为它们能达成一个伟大的目标,这个目标就是人生的幸福。而人生最圆满的幸福,或最理想的状态,就在于身体的舒适和心灵的宁静。在他看来,美德本身并不可取。例如,谨慎的美德意味着人们做事情时要小心、费神和慎重,并且在不停地计算每一项行动的最遥远的后果,这种状态不可能让人觉得开心或愉快。人们是把谨慎当做一种美德,还是追求谨慎,不是因为它本身的缘故,而是因为通过谨慎的方式,我们能够得到最大的快乐,避免最大的痛苦,从而得到幸福。

323 刚毅的美德引领我们经历辛苦劳累,忍受痛苦,面对危险或死亡,毫无疑问,这些不是自然的喜好对象。我们所以选择它们,纯粹是为了避免更大的痛苦。我们不辞辛劳,是为了避免贫穷带来更大的耻辱与痛苦,而我们勇敢面对危险乃至死亡,则是为了保护我们的自由与财产,为了保护获得快乐与幸福的工具,或者是为了保卫我们的国家,因为我们自己的安全包含在我们国家的安全里。刚毅的美德使我们高高兴兴地做这些事情,把它们当做是我们在目前的处境中所能做的最有利的事情,因此,刚毅的美德,实际上就是在辨别衡量各种痛苦、辛劳与危险时,保持谨慎、明智与镇定的状态,从而能够告诉我们避免那比较大的痛苦,而选择比较小的痛苦。

324 伊壁鸠鲁,这个被描述为态度极为和蔼的哲学家,竟然没有注意到:美德或相反的恶行会对我们身体的安乐产生影响,它们也会让他人对我们产生情感,而他人的情感是更让我们重视的对象。因为他

人对我们的感情, 比起这种感情加诸我们身上的结果, 更令人喜好或厌恶。如果有人爱戴、尊敬与尊重我们, 那会给我们的身体带来实际的安全和享乐, 但我们更看重的是, 他人的爱戴、尊敬和尊重, 带给我们内心的更大的满足感。相反, 伤害我们心灵的, 是被人憎恶, 被人蔑视, 被人愤恨。

325 人心如何追求完美？主张美德在于仁慈的学说认为, 人心的完美在于模仿神的完美。而在神的天性当中, 充满了仁慈, 或者说, 神最重要的品质就是慈善或爱, 神的其他品质都来自于这个品质。人的行为, 只有出自于仁慈动机的, 才真正值得赞美, 才被神当做优点。我们要想表达对神的完美的崇拜和赞美, 最好的方法就是模仿神的行为, 也就是依照仁慈而行为。这样, 我们就能把自己熏陶得同神颇为相像, 从而成为神喜爱的对象。到最后, 我们达到那个伟大的目的：直接与神交流沟通。

326 合宜的仁慈是最优雅和最让人愉快的情感。种种出自仁慈或慈悲心的缺点过失，甚至不会让我们觉得讨厌，然而，其他每一种热情所导致的缺点过失，却总是非常使人厌恶。有谁不厌恶过分的敌意，过分的自爱，或过分的愤怒？但是，最过分的溺爱，甚至带有偏心的友爱，却不是这么令人讨厌。在所有情感中，只有仁慈，不必顾虑它是否合宜，可以这样随意挥洒，而仍然保持着可爱的特点。

327 哈奇逊博士指出，任何原本被认为是出自慈善的行为，一旦被发现涉及其他动机，我们都会觉得该行为的价值会相应的减弱。如果某个人报答他的恩人，我们会认为该行为值得赞扬，后来我们发现他这么做是希望得到新的恩惠，那我们就不再愿意赞扬它。或者有一个行为看起来是出自爱国心，后来被发现是为了获得金钱上的报酬，这样的发现肯定也会减少对该行为的赞扬。掺和了自私感情的动机，就好像夹杂着廉价金属的合金那样，其行为的价值

会减少甚至完全消除。相反，如果我们相信一个努力去增进自己幸福的人，他不是出于别的意图，而是为了帮助别人，我们就会更加尊重这个人。所以哈奇逊博士认为，美德仅存在于纯粹无私的仁慈之中。

328 由于仁慈是唯一能使行为具有美德品质的动机，所以，行为所显示的仁慈心越大，这种行为能得到的赞扬就越多。为更多人谋幸福的行为，比为更少人谋幸福的行为，具有更大的仁慈心，所以，它们具有更多的美德，理应得到更多的赞扬。当然，最具美德的，是为了所有人的幸福而奋斗。相反，仅仅为了个别人的幸福，如为了自己的儿子、兄弟或朋友的幸福而奋斗的那种感情，只具有极少美德。

329 在哈奇逊博士看来，自爱不可能成为一种美德。当自爱之心妨碍整体的利益时，它是有罪的。当它使得个人只照顾自己的利益时，它是无害的，不会有人赞美它，同时也没有人责备它。在他看来，在我们做出善行时,如果某种程度上是为了得到自我赞许的快乐,或者是为了得到自己良心的喝彩,也会降低这个善行的价值。他认为,只要自私的动机对行为还有影响,就表明那种纯粹无私的慈善心还不足,而只有这种慈善心能够给人类行为打上美德的标签。

330 这个学说的缺点在于,它没有说明,为什么一些比较低级的美德,就像谨慎、警惕、慎重、自我克制、忠贞、刚毅等,会获得我们的赞许。另外,我们各种感情的合宜性,感情与目的是否相称,则完全被忽略。其实,关心我们个人的幸福和利益,就像节俭、勤劳、慎重、专注等,在许多场合也是值得赞美的行为原则。混入自私自爱的动机,往往会损害仁慈的行为,这并不是因为在自私自爱的行为中不含具有美德的因素,而是因为仁慈的原则在这样的场合缺乏它应有的强度。其实单是自保的动机便应当足以促使一个人照顾自己。这种单一的自爱便能促使人

们做出某些行动,若有慈善的动机渗入,确实会增加我们对此人的好感。但是,有一个人,他愿意适当照顾他自己的健康、他自己的生命,或他自己的财产,竟然只是由于他关心他的亲友,不是为了自己。那么,像他这样的"无私",无疑是一种缺点。这种缺点并不使人轻蔑或憎恶,然而,这缺点仍多少会减少我们对他的敬重。

331 我们承认,仁慈或许是神所有行为的唯一动机。因为神的行动不可能出于别的什么动机,神无所不能,她的幸福不需要依靠外界的任何帮助。所以,神行动的出发点是希望帮助人类。但是,这是神的情况,不是人的情况。人只是一种不完美的生物,人必须依靠外界的帮助才能维持自己的生存,所以,人行动的动机往往比较复杂,既有仁慈,也会有自私自爱。如果人类的天性拥有的除仁慈外的感情,不表现为一种美德,或不应当得到任何人的尊敬和称赞,那么,人类天性所处的环境就未免太艰难了。

332 不管前述的道德学说有什么不同，它们都对美德和邪恶做了明确的区分，但是曼德维尔博士似乎不打算这么做。他说，从本性上说，人更加关心自己的幸福，肯定不会是他人的幸福，因为在他心中，他不可能真心希望他人胜过自己。如果有人看起来正在这样做，我们可以确定的是，他不是出于本心的，他在欺骗我们。一个人可以为了同伴的利益，而不顾自己的利益，因为这个人明白，他的这种行为正好迎合了同伴们的自爱之心，所以，同伴们在自爱之心得到满足之后，肯定会给予他不同寻常的称赞。他预计得到的称赞和快乐，在他看来，比他放弃的利益更重要。说到底，他的行为表面上高尚，实际上是出于自私自利的动机。

333 根据曼德维尔博士的学说，他把基于合宜感或基于对值得钦佩与赞美的行为怀有好感而做出的行为，看成是由于对钦佩与赞美的爱好，或者出自虚荣心的行为。按照他的推理，所有的公益行为，就是优

先考虑公共利益,而不是个人利益的做法,都是一种
欺世盗名的行为。所以,被人们大肆传扬、争相仿效
的公益美德,其实不过是自尊心和奉承的结果。

334 但我认为,如果有人希望自己做出光荣和崇高
的行为,希望自己成为尊敬和赞同的合宜对象,这种
人肯定不是虚荣的人。即使有人喜欢名副其实的声
望和名誉,希望人们尊敬自己身上真正可贵的品质,
也不应该算作虚荣。前一种人热爱美德,这种热爱
是人性中最高尚的和最美好的情感。后一种人热爱
真实的荣誉,这种情感无疑比前一种情感要低一级,
但它的高尚程度只比前者差一点。真正的虚荣是渴
望自己的某些品行获得称赞,但是这些品行配不上
称赞,于是,就用做作、说谎来打扮自己的品行,这样
做的人,才称得上是虚荣的人。

335 这三种激情:第一,希望我们自己成为有资格
得到世人尊敬的人;第二,希望世人尊敬我们,我们

也确实拥有值得尊敬的品行；第三，为了满足虚荣心，无论如何都希望得到尊敬。它们大不相同，前两种激情一直得到人们的赞同，而第三种激情总是遭到人们的鄙视。虽然，虚荣心与热爱真正的荣誉之间看起来相似，因为它们都是想获得尊敬与赞许。但是，热爱真正的荣誉属于正面的情感，是一种正当的、合理的与公正的激情，而虚荣心则是一种不正当的、荒谬的与可笑的激情。一个人希望以真正值得尊敬的品行求得人们的尊敬，他想要的，无非是他本应得到的东西。相反，一个盼望在没有可尊敬的品行下求得尊敬的人，所要求的，却是他不该获得的东西。

336　对美德的热爱和对真正荣誉的热爱之间，存在重大的区别。对美德的热爱，让一个人只要遇到对的、合宜的事情就会去做，哪怕没有一个人知道，他也会去做。这种行为动机完美单纯，是人类天性中最崇高与最神圣的动机。另一方面，有的人不仅希望自己的行为值得赞许,同时也急着想要得到实际的赞许,这种人基本上也值得称赞,但他的动机不纯,混杂着人类天性中的弱点。如果人们不知道他的行为,或者知道他的行为却不赞扬他,他会觉得屈辱。因为他把自己的幸福建立在他人的评价之上,他的幸福很容易被对手的妒忌和公众的无知破坏。相反,热爱美德的人的幸福掌握在自己手里,如果人们因为无知而误解了他,他一点也不会为此感到难过。在他看来,人们的轻视和仇恨并不是针对他的。他自己的幸福相当牢靠,不会受到命运的影响。

337 曼德维尔博士的主要谬误,就在于他从不考虑激情是否合宜的问题,他把所有的激情,都看做是完全不道德的。在他眼里,哪怕是有钱人,喜欢富贵豪华的物品,喜欢雅致的艺术品,喜欢能带来便利的东西,喜欢漂亮的衣服、家具或代步工具,喜欢美妙的建筑、雕塑、绘画与音乐,都是邪恶,是奢华、好色与炫耀。经过这样的诡辩,他得出他喜爱的结论:个人的恶行成就公众的利益。因为假如没有奢华、好色与炫耀这些品行，人们不会需要各种精雕细琢的技术，民生也一定会因为缺乏就业机会而凋敝。所以，任何一个社会想要繁荣兴旺，都离不开个人的恶行，这无疑使人们大胆承认自己动机的不道德，助长了厚颜无耻。

338 是什么使我们喜欢某一行为而不喜欢另一行为？是什么使我们把某种行为说成是正确的而把其余的说成是错误的？是什么使我们把某种行为看做赞同、尊敬和报答的对象，而把其余的看做责备、非难和惩罚的对象？回答这些问题，就是回答什么是道德赞许的依据，在历史上，主要有三种不同的观点。第一派学者认为，我们为什么赞许或反对某些行为，就是因为自爱，我们赞许某些行为，是因为它们有利于我们的幸福，反对，是因为有损于我们的幸福；第二派学者则认为，理性，才能够使我们辨别各种行为与情感是否适当；第三派学者的观点是，我们评判某些行为是否值得赞许,完全是依靠直觉,就是当我们看到这些行为或情感时,我们感到的是满意,还是厌恶。

339 霍布斯先生属于第一派的学者,按照他的观点,人之所以离不开社会,不是因为他对同胞有天然的亲切感,而是因为,如果没有同胞的帮助,他就得不到舒适和安全,生存都会成问题。既然社会对他来说如此重要,那么,凡是有利于维护社会稳定和增进社会幸福的东西,也都会间接地有利于他自己。相反,凡是有害于社会的东西,他都认为间接有害于自己。美德是人类社会最大的维护者,而罪恶则是最大的扰乱者。因此,美德令人愉快,而罪恶则令人不快。美德带来社会繁荣,罪恶则会破坏和骚扰生活的舒适和安全。

340 当我们用抽象的眼光从外部看待人类社会时,它好像就是一部巨大的机器,如果这部机器运转顺

利、协调,它会产生许多让人愉快的效果。凡是有助于使该机器运转更为平滑顺畅的事物,都会因这种效果而显得美丽;相反,凡是倾向妨碍它运转的事物,则会讨人厌恶。美德就是一种光滑剂,它能够使人类社会这部机器的齿轮保持清洁,一定会让人愉快。而罪恶就好像是社会机器中肮脏的铁锈,它使社会齿轮相互摩擦和碰撞,肯定惹人讨厌。

341 那些作者推论出,我们因为自爱而关心社会的安宁与幸福,我们为了社会的安宁与幸福而尊敬美德。但他们的意思并不是说,当我们在我们这个时代赞美小加图的美德,并且厌恶喀提林的恶行时,是因为前者可能带给我们好处,而后者则可能给我们造成损害。它们在那久远的年代与国家,已经不会对我们今日的幸福或不幸有什么影响。他们只是认为,如果我们生活在那久远的年代与国家,我们会推想那两种人可能给我们带来利益或损害,我们的情感因此会受到影响。或者说,如果我们在我们自己

所处的时代遇上了同种性格的人，我们也会推想，那两种人可能给我们带来利益或损害，我们的情感也因此受到影响。在这种情况下，当我们的赞美或厌恶被唤起时，它们和我们的自身利益无关，而是出于一种间接的同情。

342 我为什么会同情你的痛苦或愤怒？它是不是根源于我的自私？有人认为，因为我了解你的情况，我设身处地地考虑问题，并且联想到，如果是我，在这样的境况下会产生什么样的情绪，我才会同情你。这种同情其实就是一种自私。但是，当我因为你失去了独子，而表示哀悼时，我不会为了同情你，就一定要去假设：我只有一个儿子，而且这个儿子不幸去世了，拥有和你不一样的品质和职位的我，会感受到什么。我真正考虑的是，如果我真的是你，我跟你调换了自己的身份和地位，我会感受到什么。因此，我之所以感到悲伤，丝毫不是因为我自己，而是完全因为你。所以，这根本不能算是自私。同样，一个男人

看到正在分娩的妇女,也可能同情妇女的痛苦,即使他不能想象自己会遇到那样的痛苦。

343 在霍布斯先生看来,人类的自然状态就是战争状态。在建立起公民政府之前,人们不可能拥有安全或和平。按照他的说法,保护社会就要拥护公民政府,而摧毁公民政府就意味着使社会崩溃。而公民政府之所以能够存在,就在于大家服从于最高的民政长官,如果最高民政长官失去了他的权威,整个政府就会终结。自爱教导人们,为了自己的利益,必须称赞能够促进社会福利的行为,谴责损害社会的行为。而同样的道理也教导人们,应该称赞服从民政长官的行为,谴责不服从与造反的行为。值得赞美的行为,就是服从民政长官,应该被谴责的行为,就是不服从民政长官。因此,判断是非对错以及公正与否的唯一根本标准,就是民政长官所制定的法律。

344 所有正统的道德学家都不喜欢霍布斯先生的学说，因为按照这种学说，是非对错之间并不存在自然的区别。这种学说认为是非对错是不确定的，是可以改变的，完全取决于民政长官独断的意志。如果想要驳倒霍布斯的学说，就得证明，在一切法律或明文制度出现之前，人的心灵天生就拥有一种能力，这种能力使人们能够在某些行为与情感中，区分出值得称赞的、美好的品质，而在其他一些行为与情感中，区分出应予谴责的、邪恶的品质。

345 有人认为，人的心灵一定是从理性得到这种分辨能力的，是理性为心灵指出正确和错误之间的差别。理性确实可以告诉我们，某一事物是获得其他令人愉快的事物的手段，从而使该事物间接被我们喜欢。但理性有自己的局限，我们根据理性归纳一般道德准则，但最初赖以归纳形成这些道德准则的个别案例和经验，却都不是来自于理性，而是来自于直接的感觉。理性并不是道德赞许与非难的源头。

346 哈奇逊博士认为赞许的原理来自于一种本能，一种新的感觉能力，他称之为道德感，并且认为它类似于外表的感觉器官。人的感觉或知觉能力可以分成两类，其中一种被称为直接的感觉能力，而另一种则被称为反射的感觉能力。直接的感觉能力让人心能够直接对事物有所认识或感知，譬如，声音与颜色是直接的感觉能力的对象。另一方面，人心透过反射的感觉能力所感知或认识到的事物，需要以先行感知到其他事物为前提，譬如，协调与美丽。要感知到某一段声音的协调或某一种颜色的美丽，我们必须先行感知到那段声音或那种颜色。道德感被认为是一种属于这一类的能力。让我们认识情绪的美丽或丑陋，认识它们的善良或邪恶的那种能力，是一种反射的、内在的感觉能力。

347 哈奇逊博士承认，人的感觉能力和感觉能力的对象一定要区分开，否则就会出现如此荒谬的问题：视觉是黑的还是白的？听觉是响亮的还是低沉的？

味觉是甜美的还是苦涩的？因此,在哈奇逊博士看来,问我们的道德感觉能力是道德的还是不道德的,是善的还是恶的,也同样荒谬。道德的还是不道德的,这些评价用于道德感觉能力的对象,如情感和行为,而不属于道德感觉能力本身。可是,哈奇逊博士没有考虑到,如果我们看到有人对着一个暴君下令执行的死刑场面大声鼓掌叫好,我们会把这种行为称为极端的不道德与邪恶。看到这样的旁观者,我们厌恶他的程度甚至会超过对那个暴君的厌恶。这种乖张的情感,会让我们觉得他的心灵构造,包括道德感觉能力,确实是不道德的。

348 对于主张赞许之情依赖某种特殊的感觉能力的理论,我的反驳如下。当我们赞许某种品行时,我们赞许的情感,来自于四个不同的源头:首先,我们同情行为人的动机;其次,我们同情受惠人心中怀有的感激之情;再次,我们观察到他的品行符合一般道德规则;最后,当我们看到,他的那些行为增进了个

人或社会的幸福时,它们产生了良好的效用,这种效用使这些行为得到了一种美,一种和设计良好的机器相同的美。每一次在进行道德评价的实例中,如果扣除了来自这四个原理的道德情感后,我不知道还有什么情感剩下来。如果真有所谓道德感这样特殊的本能存在,那我们可以感觉到它单独地、个别地、完全和其他本能分离地发挥作用。然而,我想,根本没有那回事。

349 有些作者,倾向于用一种概略的方式描述各种罪恶与美德。他们不喜欢制订能够适用于所有情况的明确的规则。他们只是尽力在语言可以清楚表达的范围内确定两点:第一,每一种美德所依据的内心情感究竟是什么。譬如,究竟是哪一种内在的感觉或情绪,构成友爱、仁慈、慷慨、公正的本质,构成所有其他美德的本质,以及构成和它们相反的邪恶的本质。第二,每一种美德的内心情感会导致我们达到什么样的一般行为方式。譬如,如果我们是一个

友爱的人,一个慷慨的人,一个正直的人,一个仁慈的人,那我们平常会怎么做。

350 有些作者,制定正确而精细的行为准则,来指导我们行为的细节。法理家,主要考虑权利人认为自己有权利强求什么,每一个公正的旁观者会赞同他强求什么,或者法官在为他主持公道时,应该迫使义务人承受或履行什么。另一方面,决疑学家思考较多的,不是使用强制力可以求得什么,而是义务人认为自己必须履行什么义务。他之所以必须履行这些义务,一方面是出于对一般正义规则的尊重,一方面是不肯违背自己正直的品格。如果我们遵守法理家的准则,我们不过是避免了外来的惩罚。如果我们遵守决疑学家的准则,我们会由于自己的行为精细正确而有资格获得人们的高度赞扬。

351 如果有一个拦路抢劫的强盗,强迫一个旅行者答应给他一笔钱,否则就会杀死旅行者。旅行者答应了。旅行者在这里作了一个承诺,却是在非正义的暴力强迫下所作的,这个承诺是否应该履行,是一个争议颇多的问题。如果我们把这个问题看做法学问题,我们就能毫无困惑地做出决断。用暴力逼迫别人做出承诺是一种犯罪,本身就应该受到惩罚。如果再强迫别人履行诺言,更是罪上加罪。旅行者根本不用履行承诺。如果那个强盗认为自己受到了欺骗,他也无权抱怨,旅行者本来都可以正当地把他杀死。如果有人认为法官应该强迫旅行者兑现承诺,那才是一件荒唐可笑的事情。

352 但是,如果我们从决疑学家的角度来探讨这个问题,答案就不能这么容易确定了。如果旅行者是一个善良的人,由于他对神圣的正义准则的尊重,很可能认为自己有义务履行诺言。他坚持不履行诺言,那个强盗也不会受到任何伤害,但是,在这种情况下,旅行者之所以履行诺言,只是为了尊重他自己的尊严和荣誉。旅行者该作何种选择,决疑学家们

之间存在极大的分歧。包括西塞罗、哈奇逊博士的
这一派迅速做出决断，当然不应该尊重这样的承诺，
否则就属于懦弱和迷信。在另一派中，包括一些教
会的古代神父们和某些著名的现代决疑学家，这一
派则断定，必须履行所有这类允诺。

353　旅行者做出的承诺究竟应该在多大程度上得
到尊重？这里显然没有一条精密的规则可以作为依
据。如果一名绅士被迫答应给强盗五英镑，事后却
不打算履行，就会受到人们的批评。然而，如果那个
绅士答应给强盗一大笔钱，那么，他该不该履行这个
承诺，就值得思量了。为了恪守所谓的道德规范，给
那个强盗一大笔钱，在某种程度上就是犯罪。在普
通人看来，为了遵守对强盗的承诺，而耗费掉自己的
所有家产，最后沦为乞丐，这样的人，显然不合情理
和过分。这样的行为，违背了他的责任，也就是违背
了他对他自己以及对别人应尽的义务，因此，绝不能
被认可。

354 背信弃义与撒谎是非常危险,非常可怕的恶行,同时,人们又觉得背信弃义与撒谎难以被察觉,从而非常容易沉溺于其中。这导致了我们对背信弃义的戒备远甚于对其他恶行的戒备。因此,我们认定,一切背信弃义的行为,都会让做出这些行为的人蒙羞。在这一点上,背信弃义的行为和女性失去贞洁的行为相类似。女性一旦失去贞洁,她的名誉就会受到无可挽回的损害。不管当时是什么情况,不管她基于什么理由,她的行为都不会得到宽恕;不管她事后多么悲伤,不管她怎么悔改,都不能弥补这种耻辱。我们甚至觉得一名女性即便是被强奸的,也会有损于她的名节,我们承认她的内心是清白无辜的,但她的身体仍旧遭到了玷污。我们对背信弃义的行为同样敏感和挑剔。违背自己郑重许下的诺言,即使这诺言是被迫许下的,也是不道德的。

355 即使是为了必要的理由,违背了对强盗的诺言,也会给许诺者的声誉带来不好的影响。我们承

认,在对强盗许下诺言之后,再去遵守它们,是有点不合宜。但是,对强盗许下那些诺言,即使是不得已,仍然应该受到责备。这种行为至少是不尊重自己的荣誉。一个勇敢的人哪怕面对死亡,也不应该许下这种诺言。这种诺言,他如果遵守,就会显得愚蠢,而不遵守就会损害到他的名誉。违背承诺的人,不论他怎样说他是为了解救他自己的性命,都不会达到辩解的效果。这些理由可以减轻,但不可能洗刷掉他的耻辱。在人们的观念里,他仍然犯了一个错误,他曾经庄严宣誓他会遵守这个诺言,现在他却违背了这个诺言。即使他的品质没有变坏,至少也会被人嘲笑。

356 决疑学的理论绝不仅限于研究,根据对一般正义规则的尊重,我们应该履行什么义务,它也涵盖了信仰和道德的领域。除非有人因为经常干坏事而变得冷酷,对我们一般人来说,觉察到自己犯了错,都会产生一定的心理负担,我们会变得焦虑不安和恐惧。在面临这种苦恼的时候，一般人当然希望向别人倾诉，以求得解脱。在告白时，他们当然会觉得耻辱，但他们相信，这种耻辱会得到充分的补偿。听到他们的倾诉，对方会向他们表示同情，这会减轻他们的不安和焦虑。他们发现，自己并非没有可取之处，尽管他们过去做了错事，应该被谴责，但他们目前的做法至少是有人赞许的，而这样也许可以弥补他们以前的罪孽，至少，还能让他的朋友对他保有一定程度的尊重。这就是罗马天主教秘密忏悔的习俗的根由。

357 轻信，往往是小孩子与生俱来的一种倾向，不管别人说什么，他们都容易相信。因此，他们只有经过长期经验的积累，他们才会认识到人类的虚伪，才会对人类保持一份合理的怀疑与不信任。而每个成年人轻信的程度很不一样。那些既聪明又有经验的成年人通常不容易轻信别人。但是，几乎所有的人，或多或少都有点轻信。因为我们与生俱来的本能总

是倾向于相信,只有后天习得的智慧和经验才会教导我们,教我们不要轻信,但它们很少能给我们足够的教导。有时候最机灵也最谨慎的人,往往也相信了一些他自己后来都觉得惊讶他居然会相信的故事。

358 要想赢得别人的信任,就需要真诚和坦率。那些愿意信任我们的人,我们也愿意信任他。我们双方都希望了解对方的内心世界,看清楚真正存在那里的感觉或情感。一个顺应我们的这种天生的情感的人,一个向我们敞开心扉的人,展现出了一种让我们愉快的殷勤。只要有人鼓足勇气,把他心里真实的感觉和盘托出,哪怕他的话比较浅薄,他也不会令人讨厌。但是,这种想要看透他人心里的真实感情的偏好,天生十分强烈,甚至有时堕落成一种好奇心,一种讨厌的喜欢探听邻居的好奇心。只有审慎和强烈的合宜感才能帮助我们控制住这种偏好,这种好奇心。

图书在版编目（CIP）数据

经典超译本.道德情操论／（英）斯密 著;唐迅编译.—
桂林：广西师范大学出版社,2013.8
ISBN 978－7－5495－2372－6

Ⅰ.①经… Ⅱ.①斯… ②唐… Ⅲ.①伦理学－思想史－
英国 Ⅳ.①B82－095.61

中国版本图书馆 CIP 数据核字(2012)第 167714 号

出 品 人：刘广汉
策　　划：刘广汉　任　春
责任编辑：周　丹
装帧设计：尚书堂
广西师范大学出版社出版发行
（广西桂林市中华路22号　　 邮政编码：541001）
（网址：http://www.bbtpress.com ）
出版人：何林夏
全国新华书店经销
销售热线：021－31260822－882/883
上海锦良印刷厂印刷
（上海市普陀区真南路2548号6号楼　邮政编码：200331）
开本：787mm×1 092mm　1/32
印张：7.375　　　　　字数：93 千字
2013 年 8 月第 1 版　　2013 年 8 月第 1 次印刷
定价：25.00 元

如发现印装质量问题,影响阅读,请与印刷厂联系调换。